ERGEBNISSE AUS DER ADDITIVEN FERTIGUNG

Bernd Müller

Minimalinvasives Laserauftragschweißen und Funktionalisieren der Nickelbasis-Superlegierung Alloy 718

Herausgeber:
Univ.-Prof. Dr.-Ing. Dipl.-Wirt.-Ing. Johannes Henrich Schleifenbaum

dap Digital Additive Production | RWTH AACHEN UNIVERSITY

AF799264

Bibliografische Information der Deutschen Nationalbibliothek
Die Deutsche Nationalbibliothek verzeichnet diese Publikation in der Deutschen Nationalbibliografie; detaillierte bibliografische Daten sind im Internet über https://portal.dnb.de abrufbar.

Bernd Müller:

Minimalinvasives Laserauftragschweißen und Funktionalisieren der Nickelbasis-Superlegierung Alloy 718

1. Auflage, 2025

Gedruckt auf holz- und säurefreiem Papier, 100% chlorfrei gebleicht.

Copyright Apprimus Verlag, Aachen, 2025
Wissenschaftsverlag des Instituts für Industriekommunikation und Fachmedien an der RWTH Aachen
Steinbachstr. 25, 52074 Aachen, Deutschland
Internet: www.apprimus-verlag.de, E-Mail: info@apprimus-verlag.de

Alle Rechte, auch das des auszugsweisen Nachdruckes, der auszugsweisen oder vollständigen Wiedergabe, der Speicherung in Datenverarbeitungsanlagen und der Übersetzung, vorbehalten.

Druck: CPI Druckdienstleistungen GmbH
Ferdinand-Jühlke-Straße 7 | 99095 Erfurt | Deutschland

ISBN 978-3-98555-265-8

D 82 (Diss. RWTH Aachen University, 2025)

Danksagung

Diese Dissertation entstand während meiner Tätigkeit als Ingenieur bei Rolls-Royce Deutschland in meiner Freizeit. Ich danke Herrn Dr.-Ing. Peter Wehle für die Überlassung des Themas.

Ich danke Herrn Prof. Dr.-Ing. Johannes Henrich Schleifenbaum für die Möglichkeit, die Promotion am Lehrstuhl für Digitale Additive Produktion der RWTH Aachen durchzuführen, sowie die Betreuung meiner Arbeit. Herrn Prof. Dr.-Ing. Andreas Gebhardt danke ich für die Motivation, diese Dissertation zu verfassen, und die Übernahme des Korreferats. Mein Dank gilt ebenfalls Herrn Prof. Dr.-Ing. Achim Kampker für die Übernahme des Prüfungsvorsitzes.

Ein Besonderer Dank geht an Herrn Dr.-Ing. Lucas Jauer für die kritische Durchsicht der Dissertation aus wissenschaftlicher Perspektive.

Mein besonderer Dank gilt Dipl.-Ing. Gerhard Maria Backes, Wolfgang Küppers, Dipl.-Ing. Jochen Kittel, Harald Dickler, Jonas Abels, Dr. rer. nat. Norbert Pirch, Dr. rer. nat. Susanne Hemes, Prof. Dr. Paraskevas Kontis, Klaus Büßenschütt und Dr.-Ing. Stephan Koß für die Unterstützung bei den Untersuchungen und Auswertungen.

Mein herzlichster Dank gilt meinen Eltern für ihre stetige Unterstützung und die Förderung meines akademischen Werdegangs sowie meinen Geschwistern und Freunden für den regen Austausch.

Mein liebender Dank gilt meiner Frau, die mir die nötigen Zeitfenster zum Fertigstellen dieser Dissertation geschaffen hat.

Ich widme diese Arbeit von ganzem Herzen meinem Sohn.

Zusammenfassung

Trotz hoher Qualitätsanforderungen an die komplexen Herstellungsprozesse im Maschinenwesen, Formenbau oder in der Triebwerkstechnik können Bauabweichungen in der Neuteilfertigung nicht vermieden werden. Ebenso unterliegen die oftmals hochpreisigen Bauteile im Laufe ihres Lebenszyklus Verschleißerscheinungen, wodurch ihr bestimmungsgemäßer Einsatz nicht mehr möglich ist. Dies wirkt sich negativ auf die Lebenswegkosten der betroffenen Produkte aus, da neben den hohen Kosten der Bauteile selbst Folgekosten aufgrund von Neubeschaffung, Produktionsausfall und vertraglich vereinbarten Verfügbarkeiten zu berücksichtigen sind. Bedingt durch lange Produktlebenszyklen müssen Bauteile und Ersatzteile auch Jahrzehnte nach der Indienststellung am Markt verfügbar sein. Der daraus resultierende Bedarf an Instandsetzungsverfahren für jede Phase des Produktlebenszyklus stellt eine Herausforderung für Herstellungs- und Servicebetriebe dar.

Ein mögliches Verfahren zur Behebung von Bauabweichungen und Verschleiß ist das Laserauftragschweißen (‚Directed Energy Deposition` mit Laserstrahlung von Metallen, DED-LB/M). Das DED-LB/M wird als Reparaturverfahren bisher nur für Bauteilbereiche eingesetzt, bei denen die Zugänglichkeit für die Systemtechnik gegeben ist und deren Werkstoffeigenschaften sich durch das DED-LB/M nicht nachhaltig verschlechtern, sodass die Funktionalität des Bauteils erhalten bleibt.

Häufig treten Bauabweichungen und Verschleiß an mit der verfügbaren Systemtechnik zum DED-LB/M nicht zugänglichen Bereichen von Bauteilen auf, sodass für eine Instandsetzung Zugänge geschaffen werden müssen. Dieses Vorgehen kann analog zu den Operationstechniken vor Einführung der minimalinvasiven Chirurgie, die eine breite Nutzung von Endoskopen und die Miniaturisierung von chirurgischen Instrumenten mit sich brachte, gesehen werden. Daher soll im Rahmen dieser Arbeit untersucht werden, wie der minimalinvasive Aufbau rissfreier Beschichtungen innerhalb von Bauteilen aus Alloy 718 mit Zugangsöffnungen (Höhe ≤ 50 mm, Breite ≤ 10 mm) und die minimalinvasive, laserbasierte Funktionalisierung zur Ausscheidungshärtung des beschichteten Bereichs unter Nutzung der benötigten Systemtechnik für eine industrielle Anwendung erreicht werden können, da diese Verfahrenskombination ein bisher nicht erschlossenes Potenzial bei der Instandsetzung von Bauteilen aus den Branchen Werkzeug-, Maschinen- und Triebwerksbau bietet. Die dafür benötigte Systemtechnik wird ausgelegt, montiert und getestet. Ebenfalls wird eine Verfahrensentwicklung durchgeführt. Die statischen mechanischen Eigenschaften des auftraggeschweißten und funktionalisierten Materials werden in Zugversuchen ermittelt und das entstandene Gefüge wird metallografisch analysiert. Im Rahmen einer Anwendungsdemonstration wird ein minimalinvasiver Wiederaufbau innerhalb einer Kavität einer strukturellen Triebwerkskomponente mit anschließender Funktionalisierung der aufgebrachten Schicht realisiert.

Abstract

Despite high quality requirements for the complex manufacturing processes in mechanical engineering, tool making, or aeroengine technology, manufacturing deviations in the production of new parts cannot be avoided. Likewise, the often high-priced components are subject to wear and tear over the course of their life cycle, which means that they can no longer be used as intended. This has a negative impact on the life cycle costs of the affected products, as in addition to the high costs of the components themselves, follow-up costs due to new procurement, loss of production and contractually agreed availability must be considered. Due to long product life cycles, components and spare parts must be available on the market decades after they have been put into service. The resulting need for repair procedures for every phase of the product life cycle represents a challenge for manufacturing and service companies.

One possible method to address manufacturing deviations and wear is laser deposition welding (directed energy deposition with a laser beam on metallic materials, DED-LB/M). So far, DED-LB/M has been used as a repair process only for areas of components that are accessible with the available system technology, and where the material properties are not significantly deteriorated by the DED-LB/M process, thereby ensuring the component's functionality.

Manufacturing deviations and wear often occur in areas of components that are inaccessible with the available DED-LB/M system technology, requiring access to be created for repair. This approach can be compared to the surgical techniques prior to the introduction of minimally invasive surgery, which led to the widespread use of endoscopes and the miniaturization of surgical instruments. Therefore, the aim of this work is to investigate how a minimally invasive application of crack-free coatings within Alloy 718 components, with access openings (height ≤ 50 mm, width ≤ 10 mm), and the minimally invasive, laser-based functionalization for precipitation hardening of the coated area can be achieved using the required system technology for industrial applications. This procedural combination offers untapped potential for the repair of components in the tool, machine, and engine building industries. The necessary system technology is designed, assembled, and tested. Additionally, a process development is carried out. The static mechanical properties of the applied and functionalized material are determined through tensile tests, and the resulting microstructure is metallographically analyzed. As part of an application demonstration, a minimally invasive reconstruction within a cavity of a structural engine component is realized, followed by the functionalization of the applied material.

Inhalt

Inhalt ..... **i**

1 Einleitung **1**

2 Grundlagen und Stand der Technik **3**

2.1 Laserauftragschweißen 3
2.1.1 Verfahrensprinzip 3
2.1.2 Verarbeitung von Nickelbasis-Superlegierungen 4
2.1.3 Systemtechnik für die Innenbearbeitung 8
2.2 Verfahrensprinzip der Laserwärmebehandlung 9
2.3 Werkstoffe 11
2.3.1 Nickelbasis-Superlegierungen 11
2.3.2 Alloy 718 11
2.3.3 Gefügeausbildung, Wärmebehandlung und mechanische Eigenschaften 12

3 Problemstellung, Zielsetzung und Herangehensweise **19**

3.1 Problemstellung 19
3.2 Zielsetzung, Forschungsfrage und Herangehensweise 20

4 Anlagen- und Analysetechnik **23**

4.1 Anlagentechnik 23
4.1.1 Strahlquelle 24
4.1.2 Pulverförderer 24
4.2 Pulver Alloy 718 25
4.3 Probengeometrie und Verfahrensparameter 25
4.4 Analysetechnik 26
4.4.1 Probenpräparation 26
4.4.2 Lichtmikroskopie und Porositätsanalyse 27
4.4.3 REM-, EBSD- und EDX-Analysen 28
4.4.4 Atomsondentomografie (APT) 29
4.4.5 Härtemessung 30
4.4.6 Mechanische Tests 30
4.4.7 Bruchflächenanalyse 30

5 Voruntersuchungen zum minimalinvasiven Laserauftragschweißen **31**

5.1 Definition von Modellkavität und Beschichtung 31
5.2 Anforderungen an die Systemtechnik 31
5.3 Gestaltung und Aufbau Systemtechnikprototyp 1 34
5.4 Funktionstests Systemtechnikprototyp 1 35
5.5 Bearbeitungsstrategie innerhalb der Modellkavität 38
5.6 Untersuchungen zum Einfluss umherfliegender Pulverpartikel 39
5.7 Bearbeitungsstrategien für dünnwandiges Grundmaterial 42
5.8 Zwischenfazit 45

6 **Weiterführende Untersuchungen zum minimalinvasiven Laserauftragschweißen ... 47**
6.1 Anpassung der Systemtechnik ... 47
6.2 Gestaltung und Aufbau Systemtechnikprototyp 2 ... 47
6.3 Laboraufbau und Funktionstests Systemtechnikprototyp 2 ... 53
6.4 Ergebnisse der Funktionstests ... 54
6.5 Herstellung von Materialprüfproben ... 60
6.6 Auswertung ... 62
6.7 Zwischenfazit ... 69
7 **Minimalinvasives Funktionalisieren ... 71**
7.1 Gestaltung und Aufbau Systemtechnikprototyp 3 ... 71
7.2 Verfahrensentwicklung Funktionalisierung ... 74
7.3 Funktionstest und Versuche an Flachproben ... 75
7.4 Herstellung von Materialprüfproben ... 79
7.5 Auswertung ... 83
7.6 Zwischenfazit ... 104
8 **Anwendungsdemonstration ... 107**
9 **Zusammenfassung und Ausblick ... 111**
10 **Literaturverzeichnis ... 115**
11 **Abkürzungen und Formelzeichen ... 127**
12 **Anhang ... 131**
12.1 Stand der Technik ... 131
12.1.1 Beschichtungseinheiten zur Innenbearbeitung ... 131
12.1.2 DED-LB/M-Gefüge und mechanische Eigenschaften für den nicht wärmebehandelten Zustand ... 132
12.1.3 Zyklische ‚In-situ'- bzw. ‚intrinsische' Wärmebehandlung ... 133
12.1.4 Beschichten ... 135
12.1.5 Innenbeschichten ... 138
12.1.6 Additive Fertigung ... 139
12.1.7 Reparatur ... 141
12.1.8 Simulative, messtechnische Analyse ... 143
12.1.9 Lokale Laserwärmebehandlung ... 144
12.2 Laserstrahlkaustik ... 145
12.3 Zertifikat des pulverförmigen Schweißzusatzwerkstoffes ... 146
12.4 Anforderungen Systemtechnikprototyp 1 ... 147
12.5 Modellkavität ... 148
12.6 Berechnung der thermischen Belastung des Umlenkspiegels ... 149
12.7 Simulationsrechnung DED-LB/M-Prozessfenster ... 150
12.8 Beispiele für Flachproben aus der Verfahrensentwicklung ... 154
12.9 Simulationsrechnung für Spiegelkühlung ... 155

12.10 CAD-Modell des Systemtechnikprototyp 1 nach GOM-Scan 157
12.11 Anforderungen Systemtechnikprototyp 2 158
12.12 Zeit-Temperatur-Härte-Diagramm 159
12.13 Modellrechnungen für die Funktionalisierung mit Laserstrahlung ... 160
12.14 Schematische Darstellungen der duktilen Rissbildung und Bruchentstehung 166
12.15 Auswertung Demonstration 168

1 Einleitung

Trotz hoher Qualitätsanforderungen an die komplexen Herstellungsprozesse im Maschinenwesen, Werkzeugbau oder in der Triebwerkstechnik können Bauabweichungen in der Neuteilfertigung nicht vermieden werden. Ebenso unterliegen die oftmals hochpreisigen Bauteile im Laufe ihres Lebenszyklus Verschleißerscheinungen, wodurch ihr bestimmungsgemäßer Einsatz nicht mehr möglich ist. Dies wirkt sich negativ auf die Lebenswegkosten der betroffenen Produkte aus, da neben den hohen Kosten der Bauteile selbst Folgekosten aufgrund von Neubeschaffung, Produktionsausfall und vertraglich vereinbarten Verfügbarkeiten zu berücksichtigen sind. Bedingt durch lange Produktlebenszyklen müssen Bauteile und Ersatzteile auch Jahrzehnte nach der Indienststellung am Markt verfügbar sein. Der daraus resultierende Bedarf an Instandsetzungsverfahren für jede Phase des Produktlebenszyklus stellt eine Herausforderung für Herstellungs- und Servicebetriebe dar. [Men07, S. 427 ff., Ero12, Mül20, Mül24]

Ein mögliches Verfahren zur Behebung von Bauabweichungen und Verschleiß ist das Laserauftragschweißen (‚Directed Energy Deposition' mit Laserstrahlung von Metallen, DED-LB/M). Dabei wird am beschädigten Bereich durch den Laserstrahl auf der Bauteiloberfläche ein Schmelzbad erzeugt, in das ein pulverförmiger Werkstoff mittels einer Pulverdüse eingebracht wird, wodurch eine mit dem Bauteil schmelzmetallurgisch verbundene Schicht entsteht. [Bac96, Can11, Ko23]

Das DED-LB/M wird als Reparaturverfahren bisher nur für Bauteilbereiche eingesetzt, bei denen die Zugänglichkeit für die Systemtechnik gegeben ist und deren Werkstoffeigenschaften sich durch das DED-LB/M nicht nachhaltig verschlechtern, sodass die Funktionalität des Bauteils erhalten bleibt. Bei Werkstoffen wie der Nickelbasis-Superlegierung Alloy 718, die im Maschinen- und Triebwerksbau vielfach verwendet wird, muss nach dem DED-LB/M oftmals eine aufwendige Wärmebehandlung (WBH) durchgeführt werden, um die Funktionalität des Bauteils wiederherzustellen [Ams19, Ams22, Ams22a]. Bei dieser WBH kann es zu Maß- und Formänderungen (Verzug) kommen [Ber77, Hof96]. Häufig treten Bauabweichungen und Verschleiß an mit der zum DED-LB/M verfügbaren Systemtechnik nicht erreichbaren Bauteilbereichen auf, sodass für eine Instandsetzung Zugänge geschaffen werden müssen. Dieses Vorgehen kann analog zu den Operationstechniken vor Einführung der minimalinvasiven Chirurgie, die eine breite Nutzung von Endoskopen und die Miniaturisierung von chirurgischen Instrumenten mit sich brachte, gesehen werden [Ber00]. Bei der minimalinvasiven Chirurgie werden großflächige Öffnungen des Körpers vermieden und nur zielgerichtet kleine Öffnungen geschaffen bzw. bestehende Zugänge genutzt, um den Operationsbereich mit Endoskopen zu erreichen und den Eingriff durchzuführen [Iri15]. Daher soll im Rahmen dieser Arbeit untersucht werden, wie der minimalinvasive Aufbau rissfreier Beschichtungen innerhalb von Bauteilen mit Zugangsöffnungen (Höhe ≤ 50 mm, Breite ≤ 10 mm) und die minimalinvasive, laserbasierte Funktionalisierung zur Ausscheidungshärtung des beschichteten Bereichs unter Nutzung der benötigten Systemtechnik für eine industrielle Anwendung erreicht werden können, da diese

Verfahrenskombination ein bisher nicht erschlossenes Potenzial bei der Instandsetzung von Bauteilen aus den Branchen Werkzeug-, Maschinen- und Triebwerksbau bietet.

2 Grundlagen und Stand der Technik

2.1 Laserauftragschweißen

2.1.1 Verfahrensprinzip

Als ‚additive Verfahren‘ [Din22a] werden Fertigungstechnologien bezeichnet, mittels derer ein Werkstück durch Hinzufügen von Material seine Gestalt erhält. Das Beschichten mittels Laserauftragschweißen (DED-LB/M) ist nach [Din22b] der Gruppe 5 ‚Beschichten durch Schweißen‘ zugeordnet. Die Bereitstellung des metallischen Zusatzwerkstoffs kann in Form eines Bandes, Drahtes oder Pulverstrahls erfolgen. Beim pulverbasierten DED-LB/M wird mittels Laserstrahlung auf der Oberfläche eines Bauteils ein Schmelzbad erzeugt, in das durch eine Pulverdüse der metallische Zusatzwerkstoff eingebracht wird. Durch eine Relativbewegung zwischen Bauteil und Laserstrahl entsteht auf der Bauteiloberfläche eine Schicht, die schmelzmetallurgisch mit dem Bauteil verbunden ist [Geb16, S. 1, Hüg22, S. 415 f.]. In Abbildung 2-1 ist eine schematische Darstellung des DED-LB/M mit einer lateralen Pulverzufuhr dargestellt.

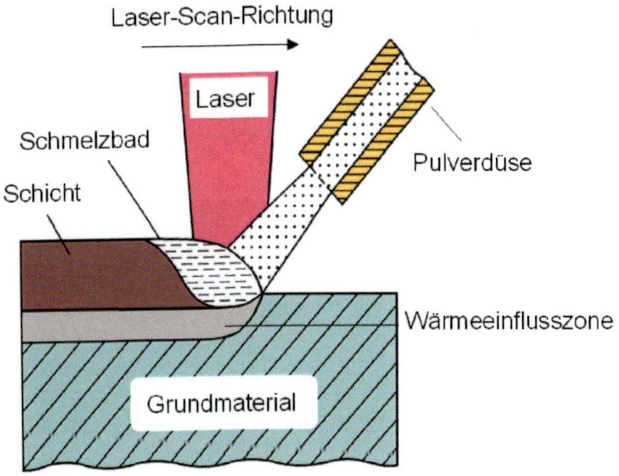

Abbildung 2-1: Schematische Darstellung des DED-LB/M mit einer seitlichen Pulverzufuhr [nach Fra96].

Die Schichtbildung erfolgt durch Erstarrung der Schmelze infolge von Wärmeleitung in das Bauteil. Schichten hoher Qualität weisen ein dichtes (real: 99,6 % und größer), feinkörniges Gefüge ohne Risse, Lunker und Poren auf. Die geometrischen und metallografischen Eigenschaften sind von der Wechselwirkung zwischen Werkstück, Laserstrahl und Pulvergasstrahl sowie der Wahl der Verfahrensparameter abhängig [Hüg22, S. 416, Geb13, S. 218]. Im Folgenden wird eine Aufstellung über Verfahrensparameter beim DED-LB/M gegeben:

- Laserleistung: P_L
- Pulvermassenstrom: $\dot{m}_p$
- Prozessgeschwindigkeit: V_P

- Schutzgasvolumenstrom: $\dot{V}_{SG}$
- Fördergasvolumenstrom: $\dot{V}_{FG}$
- Spurversatz: f
- Spurlänge: S_L
- Spurhöhe: S_H
- Spurbreite: S_B

Das Verfahren wird hauptsächlich bei der Aufbringung und Reparatur von korrosions- und/oder verschleißbeständigen Schichten angewendet [Gas97, Sex02, Dub08, Gas10, Yao12, Hol21]. Hier ist beispielhaft das Beschichten von Hydraulikzylindern für die Petroindustrie und von Bauteilen für die Automobilindustrie zu nennen [Zho22, Sch22]. Das Auftragen von artgleichen Schichten wird zum Instandsetzen von Bauteilen, z. B. Triebwerkskomponenten in der Luftfahrt- und Motorenindustrie, eingesetzt [Bac95, Geb96, Gas97a, Üna20]. Durch einen schichtweisen Aufbau können ganze Bauteile additiv hergestellt oder bestehende Bauteile modifiziert werden [Kre95, Hof96a, Kit20].

2.1.2 Verarbeitung von Nickelbasis-Superlegierungen

Die Be- und Verarbeitung von Nickelbasis-Superlegierungen lassen sich in die Bereiche ‚Beschichten', ‚Innenbeschichten', ‚additive Fertigung' und ‚Reparatur' unterteilen.

Beschichten und Innenbeschichten

Die Hauptanwendung des Beschichtens und Innenbeschichtens mittels DED-LB/M ist die Aufbringung von korrosions- und verschleißbeständigen Schichten. Typische Laserleistungen liegen hier im Bereich von 800–3000 W bei einem Laserspotdurchmesser von 1–2 mm. [Zha13, Sta16, Shu22, Chi22, Xu23]

Zhang et al. [Zha13] zeigen, dass ein Wiederaufschmelzen der bereits aufgetragenen Alloy 718-Beschichtung einen Wandel der Kornmorphologie von dendritisch kolumnar zu äquiaxialen Körnern (Globulite) bewirkt.

Stanciu et al. [Sta16] zeigen, dass bei der Beschichtung von Substraten aus niedriglegiertem Kohlenstoffstahl mit Alloy 718 unter Nutzung der Verfahrensparameter P_L = 800 W, V_P = 4mm/s, $\dot{m}_P$ = 5 g/min und f = 45 % rissfreie Schichten erzeugt werden können. Ein rissfreier Aufbau der Beschichtungen wird auf die metallurgische Kompatibilität hinsichtlich der spezifischen Wärmekapazität von Substrat und Beschichtungsmaterial zurückgeführt.

Shu et al. [Shu22] untersuchen die mechanischen Eigenschaften aufgebrachter Alloy 718-Beschichtungen auf Stahlsubstrat (27SiMn) mit Laserleistungen P_L = 1800, 2100 und 2400 W. Mit P_L = 1800 W können die höchsten Werte für Zugfestigkeit (1141 MPa) und Streckgrenze (970 MPa) erreicht werden. Es wird beobachtet, dass die mechanischen Eigenschaften mit zunehmender Laserleistung aufgrund der vorliegenden Erstarrungsmorphologie abnehmen.

Chioibasu et al. [Chi22] untersuchen die Anwendung von Alloy 718-Beschichtungen auf Bremsscheiben. Durch die Beschichtung mit Alloy 718 können höhere mechanische und Korrosionskennwerte erzielt werden, als das Stahlsubstrat allein bietet.

Die Untersuchungen von Xu et al. [Xu23] zeigen, dass Laserleistung, Vorschubgeschwindigkeit und Pulvermassenstrom Einfluss auf die mechanischen Kennwerte der Alloy 718-Beschichtung haben. Streckgrenze, Zugfestigkeit und Bruchdehnung werden von der Laserleistung beeinflusst. Der Pulvermassenstrom beeinflusst die Mikrohärte und die Streckgrenze, während die Vorschubgeschwindigkeit Einfluss auf die Zugfestigkeit ausübt. Eine Aufstellung von Veröffentlichungen zum Beschichten ist im Anhang 12.1.4 hinterlegt.

Karimov et al. [Kar04] führen Untersuchungen zum Beschichten von Innenkonturen mit einem Durchmesser von 50 mm und einer maximalen Länge von 500 mm durch. Die mit bis zu 3 kW Laserleistung aufgebrachten Beschichtungen sind 1–3 mm breit und 0,4–1 mm hoch. Als pulverförmiger Schweißzusatz kommen u. a. Nickelbasislegierungen zum Einsatz. Zur Demonstration der Fähigkeiten wird der Zylinder eines Rennmotors mit einer Verschleißschutzschicht versehen.

Von Nowotny et al. [Now12] wird ein koaxiales Düsenkonzept zur Reparatur von Erosionsdefekten in Geschützrohren entwickelt. Die koaxiale Pulverdüse ermöglicht eine präzise Pulverzufuhr zu jeder Schweißposition, unabhängig von Schwerkraft und Schweißrichtung, wobei Rohre mit einem minimalen Innendurchmesser von 100 mm beschichtet werden können.

Schopphoven et al. [Sch16] untersuchen das Innenbeschichten von Rohren aus niedriglegiertem Stahl mit einem Durchmesser von 120 mm und einer Wandstärke von 4 mm mittels DED-LB/M mit hohen Vorschubgeschwindigkeiten. Mit Alloy 625 als pulverförmigem Schweißzusatz wird der Einfluss der Variation von Beschichtungsrate (62,5–200 cm^2/min), $\dot{m}_P$ = (15–25 g/min) sowie axialem Vorschub (0,15–0,35 mm/Rotation) auf die Schichtdicke bei P_L bis 2800 W untersucht. Die erzeugten Schichtdicken liegen in einem Bereich von 50–350 µm, wobei Anbindungsfehler < 10 µm festgestellt worden. Eine Aufstellung von Veröffentlichungen zum Innenbeschichten ist im Anhang 12.1.5 hinterlegt.

Additive Fertigung

Die additive Fertigung mittels DED-LB/M wird vor allem bei der Herstellung von Einsätzen im Werkzeug- und Formenbau angewendet [Mud07, Gib14]. Potenzial für die additive Fertigung besitzen ebenfalls Bauteile aus der Luft- und Raumfahrtindustrie oder Turbinenteile aus Hochleistungswerkstoffen zur Energieerzeugung, die ein hohes Zerspanungsvolumen aufweisen [Zho23].

Liu et al. [Liu11b] untersuchen u. a. die Makrostruktur von mittels DED-LB/M-aufgebrachtem Alloy 718. Das beschichtete Substrat besteht aus niedrig legiertem Stahl. Rekristallisation wird ab einer Temperatur von 1100 °C nach WBH beobachtet, wobei die dendritische Kornstruktur in gleichmäßig verteilte äquiaxiale Körner (Globulite) umgewandelt wird. Die Verteilung der rekristallisierten Körner ist bei einer Spurüberlappung von 40 % gleichmäßig.

Cao et al. [Cao13] untersuchen die Auswirkung der Spurüberlappung von 20–50 % auf das Rekristallisationsverhalten von additiv gefertigtem Alloy 718. Mit größer werdender Spurüberlappung reduziert sich die Korngröße in der Breite und Länge. Je größer die Spurüberlappung ist, desto stärker weicht das Kristallwachstum von der Aufbaurichtung ab, bleibt aber kolumnar. Mit steigender Spurüberlappung wird eine feinere Kornstruktur beobachtet.

Nach Lakshmi et al. [Lak14] hat die Laserleistung einen deutlichen Einfluss auf die Kornmorphologie und Porosität beim Aufbau dünnwandiger Stege aus Alloy 718. So steigt die Porosität von 0,2 % auf 0,8 % bei steigender Laserleistung von 390–910 W an und die Kornmorphologie ändert sich von äquiaxial zu kolumnar mit starker <100>-Textur.

Witzel [Wit15] untersucht das DED-LB/M von Alloy 718 für eine effiziente, endkonturnahe generative Fertigung von Luftfahrtbauteilen durch eine Steigerung der Auftragsrate. Die erzielten Festigkeitswerte bei realisierten Auftragsraten von 40–50 mm^3/s betragen ca. 97 % der Spezifikation AMS5662.

Jinoop et al. [Jin19] entwickeln ein Prozessfenster für die Herstellung dünnwandiger Alloy 718-Strukturen. Die maximalen und minimalen Grenzwerte für Laserenergie pro Längeneinheit (210 kJ/m und 105 kJ/m) und Pulvermasse pro Längeneinheit (12,5 g/m und 4 g/m) werden experimentell ermittelt. Es wird beobachtet, dass die hergestellten dünnen Wände defektfrei sind und eine dendritische Mikrostruktur aufweisen.

Li et al. [Li20] untersuchen die Entwicklung der Mikrostruktur und Zugfestigkeit von Alloy 718, hergestellt mit Auftragsraten ≥ 1 kg/h, um die Anforderungen für die schnelle Herstellung von großformatigen Hochleistungsmetallbauteilen zu erfüllen. Hierzu wird eine Probe (Quader) auf C45E5-Substrat aufgebaut. Mit zunehmender Aufbauhöhe wird eine Abnahme der Härte beobachtet. Die gemittelte Härte liegt im unteren, substratnahen Teil der Probe bei 385 HV, in der Mitte bei 381 HV und im oberen Teil bei 298 HV. Die Abnahme der Härte im oberen Teil der Probe wird mit dem Fehlen der zur Härtesteigung notwendigen verfestigenden Phasen begründet, da die Verweildauer des Materials innerhalb des γ'/γ"-Ausscheidungsbereichs zu kurz ist. Eine Aufstellung von Veröffentlichungen zur additiven Fertigung von Alloy 718 mit DED-LB/M ist im Anhang 12.1.6 hinterlegt.

Reparatur

Ein weiterer Anwendungsbereich des DED-LB/M ist das Reparaturschweißen. Verschlissene oder defekte Bauteile sind nach einer lokalen Reparaturschweißung wieder funktionstüchtig und müssen nicht verschrottet werden. Das Hauptaugenmerk liegt dabei auf hochpreisigen Bauteilen aus der Luft- u. Raumfahrttechnik sowie dem Werkzeug- und Formenbau [Can1, Ko23].

Kelbassa [Kel06] untersucht das DED-LB/M von Alloy 718 für die Reparatur von Bladed Disks (BLISKs). Direkt nach dem DED-LB/M ist das Gefüge der Nickelbasis-Superlegierung Alloy 718 nahezu isotrop und weist lösungsgeglühte Eigenschaften auf. Durch ein Spannungsarmglühen werden statische und dynamische mechanische Eigenschaften erzielt, die dem komplett wärmebehandelten, geschmiedeten Rohmaterial entsprechen.

Bi et al. [Bi11] führen Untersuchungen zur DED-LB/M-Reparatur von Turbinenschaufelspitzen mit einer Nickelbasis-Superlegierung durch. Über eine aktive Regelung der Schmelzbadtemperatur können die Homogenität, Geometriegenauigkeit und Heißrissanfälligkeit durch die Anpassung der Laserleistung und den folglich reduzierten Wärmeeintrag im Prozess verbessert werden.

Graf et al. [Gra13] beschreiben eine statistische Versuchsplanung für DED-LB/M als Reparaturverfahren, um den Einfluss von Verfahrensparametern auf die geometrischen Abmessungen des Schmelzbads zu bestimmen. Bei Beschichtungsversuchen auf Rene-80-Substrat mit artgleichem pulverförmigem Zusatzwerkstoff wird nachgewiesen, dass die Schmelzbadbreite primär durch die Laserleistung und die Schmelzbadtiefe primär durch die Vorschubgeschwindigkeit sowie den Pulvermassenstrom beeinflusst wird.

Petrat et al. [Pet16] untersuchen den endkonturnahen Materialaufbau für wechselnde Grundmaterialstärken bei gleichbleibender Aufbaurate zur Reparatur von Brennern aus Alloy 718 für Gasturbinen mittels DED-LB/M. Die Porosität im DED-LB/M-Material beträgt 3 %. Bei der Probeinstandsetzung eines Brenners kann über die Wahl des Startpunktes zwischen der Innen- und Außenkante der aufzubauenden Kontur und der Anzahl der aufgetragenen Schweißspuren ein endkonturnaher Materialaufbau realisiert werden.

Kumara et al. [Kum17] zeigen bei Untersuchungen zu Reparaturapplikationen für Alloy 718, dass die Härte mit steigender Laserleistung (2350–2650 W) ab- und mit steigender Prozessgeschwindigkeit (V_P = 500–700 mm/min) sowie steigendem Pulvermassenstrom ($\dot{m}_P$ = 6–10 g/min) zunimmt. Es werden Härten von ca. 250–350 HV erreicht. Die Porosität im DED-LB/M-Material beträgt zwischen 0,2 und 0,6 %.

Ünal-Saewe et al. [Üna20] führen eine Prozessentwicklung zur Reparatur von Turbinenschaufelspitzen aus Alloy 718 mittels DED-LB/M durch. Mit den gewählten Verfahrensparametern (P_l = 250 W, V_P = 600 mm/s, $\dot{m}_P$ = 1 g/min, f = 30–50 %) ist über die Veränderung der Spurbreite sowie die Wahl der Bearbeitungsstrategie eine endkonturnahe Reparatur der Turbinenschaufelspitze möglich. Die Porosität im DED-LB/M-Material beträgt weniger als 0,05 %. Eine Aufstellung von Veröffentlichungen zur Reparatur ist im Anhang 0 hinterlegt.

Simulationsbasierte und messtechnische Analysen

Pirch et al. [Pir17] entwickeln ein zeitabhängiges Finite-Elemente-Modell (FEM) für pulverbasiertes DED-LB/M mit koaxialer Pulverzufuhr, das den Pulverstrom, dessen Wechselwirkung mit der Laserstrahlung und die Schmelzbadberechnung umfasst. Das mathematische Modell basiert auf einer Integration der zeitabhängigen Wärmegleichung und der Berechnung der Spurgeometrie, wobei eine Massenbilanz hinsichtlich der Partikel, die die Schmelzbadoberfläche erreichen, berücksichtigt wird. Die Ergebnisse der simulierten Spurgeometrie zeigen eine Übereinstimmung mit den experimentellen Ergebnissen.

Zho et al. [Zho17] untersuchen den Einfluss der Pulvergasströmung im DED-LB/M-Prozess mit einer Koaxialdüse und einer Dreistrahl-Düse unter identischen Versuchsbedingungen. Die verwendeten Düsen zeigen aufgrund unterschiedlicher Förderprinzipien unterschiedliche Pulvergasströmungen. In Korrelation mit den experimentellen Ergebnissen werden geeignete Modelle für die Simulation von Prozessen mit verschiedenen Pulvergasströmungen identifiziert. Als Ergebnis der Simulation zeigt sich, dass bei der Dreistrahl-Düse ein erheblicher Teil der auf die Schmelzbadoberfläche auftreffenden Pulverpartikel zurückgeworfen wird. Bei der Koaxialdüse werden fast alle auf die Schmelzbadoberfläche auftreffenden Partikel absorbiert. Die Partikelgeschwindigkeit wird als der entscheidende Parameter für die Eindringtiefe des Pulverpartikels in das Schmelzbad identifiziert. Eine Aufstellung von Veröffentlichungen zur simulationsbasierten, messtechnischen Analyse ist im Anhang 12.1.8 hinterlegt.

2.1.3 Systemtechnik für die Innenbearbeitung

Die Systemtechnik für die Innenbearbeitung, bestehend aus Düse und Stahlführung, ist fast ausschließlich für die Innenbearbeitung von Rohren mit unterschiedlichen Durchmessern ausgelegt. Dabei wird in den meisten Fällen das zu beschichtende Rohr um die Beschichtungseinheit gedreht. Die minimalen Innendurchmesser, die mit diesen Systemen beschichtet werden können, liegen im Bereich von 25 mm bei einer Einstrahltiefe von 2000 mm und einer Laserleistung von bis zu 3 kW [Fle22]. Typische Anwendungsfälle sind das Aufbringen von korrosionsbeständigen Beschichtungen und die Durchführung von WBH, z. B. das Innenhärten von Rohren [Fuj00]. Eine Aufstellung von kommerziell verfügbaren Beschichtungseinheiten zur Innenbearbeitung von Rohrdurchmessern kleiner 100 mm ist im Anhang 12.1.1 dargestellt.

Neben rotationssymmetrischen Innenbeschichtungen ist bei geeigneten räumlichen Verhältnissen auch der lokale, additive Aufbau von 3-D-Strukturen an Innenflächen von Rohren möglich [Kub11]. Die Pulverzufuhr erfolgt je nach konstruktiver Ausgestaltung koaxial oder lateral.

Minimalinvasive Verfahren zum DED-LB/M von Verdichterkomponenten sind im Rahmen des deutschen Luftfahrtforschungsprogrammes in den Vorhaben ‚OptiFer/OptiferPlus‘ (Förderkennzeichen: 20T03006B) und ‚REPITEF‘ (Förderkennzeichen: 20T1317A) Gegenstand von Untersuchungen, wobei sich die Motivation aus den etablierten minimalinvasiven Anwendungen aus der Medizintechnik ableitet [Opt09, Rep18]. Im Vorhaben ‚OptiFer‘ wird durch die Kombination von DED-LB/M mit

Endoskopie die In-situ-Reparatur von Beschädigungen an Blisk-Schaufeln aus Ti6Al4V durchgeführt. Im Rahmen des Vorhabens kann durch ein manuell geführtes Labormuster mit einem Außendurchmesser von 22 mm ein Materialaufbau durch pulverbasiertes DED-LB/M realisiert werden [Opt09, Spa09]. In ‚REPITEF' wird die In-situ-Reparatur von Beschädigungen an Blisk-Schaufeln aus Ti6246 untersucht. Der Materialauftrag erfolgt durch drahtbasiertes DED-LB/M. Hierbei kann demonstriert werden, dass eine Miniaturisierung eines Labormusters auf 6 mm inklusive Medienführung und Beobachtungkamera im distalen Ende des Labormusters möglich ist [Rep18].

2.2 Verfahrensprinzip der Laserwärmebehandlung

Die Laserwärmebehandlung (LWBH) ist in Analogie zu den konventionellen Härteverfahren (z. B. Induktionshärten, Flammhärten, Ofenhärten) ein Verfahren, das durch einen definierten Temperatur-Zeit-Verlauf im Solidusbereich festgelegt ist [Sch86, Ame90 S. 193 ff., Wil90, Vit95, Bey98, Pop11 S. 161]. Der Hauptvorteil der Nutzung von Laserstrahlung zur WBH ist die Möglichkeit, die Leistungsdichte präzise zu steuern und das Erhitzen bis auf eine definierte Tiefe sicherzustellen [Pop11, S. 173 ff.].

Je nach Wandstärke und Anforderung wird nur eine Randschicht oder der gesamte Querschnitt erwärmt. Ebenfalls bietet die Nutzung von Laserstrahlung die Möglichkeit, lokale Bereiche bei einem effizienten Energieeinsatz durch im Vergleich zu einer Ofenwärmebehandlung kürzere Prozesszeiten zu bearbeiten [Mol86, Ste98]. Parameter wie Aufheizrate, Maximaltemperatur und Abkühlrate können auf Basis der jeweiligen Anforderungen angepasst werden. Reproduzierbare Ergebnisse lassen sich über eine Temperaturregelung mittels Pyrometer oder Wärmebildkamera erzielen [Muv17, Wei23]. Entscheidend für die Werkstoffeigenschaften ist das sich bei der lokalen LWBH einstellende Gefüge. Das Gefüge kann über den Temperatur-Zeit-Verlauf der WBH und dieser wiederum über die Verfahrensparameter eingestellt werden. In Abhängigkeit der Größe der Bereiche, die eine WBH erfahren sollen, wird der Laserspot entweder über den Bereich bewegt (Abbildung 2-2 links) oder entspricht, im Falle von Bereichen kleiner bzw. gleich der Laserspotgröße, dem Bereich und wird nicht bewegt (Abbildung 2-2 rechts). In diesem speziellen Fall wird der Bereich mit konstanter Laserleistung erwärmt, bis die benötigte Temperatur erreicht ist. [Ber13]

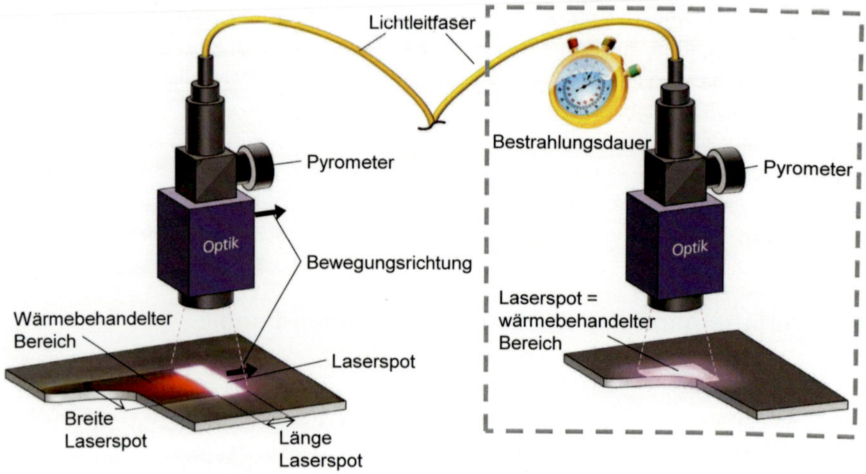

Abbildung 2-2: Prinzip der lokalen LWBH [nach Ber13, S. 32].

Das Verfahren wird häufig verwendet, um lokale Bereiche von Maschinenkomponenten aus Stahl und Gusseisen zu härten [Ams91, S. 621, Pop05]. Hierdurch lässt sich der Verzug von Bauteilen reduzieren [Kou03, S. 126 ff.]. Eine Übersicht über laserwärmebehandelte Stähle ist in Tabelle 22 (siehe Anhang 12.1.9) gegeben. Bergweiler zeigt beispielsweise bei seinen Untersuchungen zur lokalen WBH mit Laserstrahlung zur Verbesserung der Umform- und Funktionseigenschaften von hochfesten Stählen, dass für martensitische Stähle die Härte abnimmt und die Bruchdehnung erhöht wird. Für Komplexphasenstahl nimmt die Härte durch die Ausscheidungshärtung zu [Ber13]. Järvenpää et al. [Jär15] zeigen bei ihren Untersuchungen zur lokalen LWBH von hochfesten und abriebfesten Stahlblechen, dass die Anisotropie im Gefüge verringert werden kann und die lokale LWBH für eine Umwandlung zu feinen ferritischen Körnern sorgt.

2.3 Werkstoffe

2.3.1 Nickelbasis-Superlegierungen

Bei der Entwicklung von Nickelbasis-Superlegierungen müssen die Anforderungen aus dem Gasturbinenbau für Flugzeuge und Kraftwerke erfüllt werden. Um die Wirkungsgrade dieser thermischen Maschinen zu erhöhen, müssen die Verbrennungs- und Materialtemperaturen angehoben werden. Das Basiselement Nickel weist Merkmale auf, die den Nickel-Legierungen von allen Hochtemperaturwerkstoffen die günstigste Kombination aus Verarbeitbarkeit, Korrosionsbeständigkeit und mechanischen Eigenschaften verleihen. Dazu zählt eine durchgehend kubisch flächenzentrierte (kfz) Gitterstruktur bis zum Schmelzpunkt sowie die Möglichkeit, ausreichende Al- und Cr-Gehalte für den Korrosionsschutz zu realisieren. Ebenfalls ermöglicht kein anderes Basiselement eine vergleichbar hohe Festigkeitssteigerung im Hochtemperaturbereich durch Legieren. Nickelbasis-Superlegierungen enthalten bis zu 15 Legierungselemente, die einen Gesamtanteil von über 50 Massen-% ausmachen können. Der Langzeiteinsatz ist bis zu homologen Temperaturen von ca. 0,85 möglich, was dem höchsten Wert aller Werkstoffe bei gleichzeitiger korrosiver und mechanischer Belastung entspricht (abgesehen von einigen Edelmetalllegierungen) [Ree06, S.1; Bür19, S. 363 f.]. Eine Unterscheidung von Superlegierungen auf Nickelbasis kann anhand der Verfestigungsmechanismen ‚Mischkristallhärtung' bzw. ‚Ausscheidungshärtung' und des Herstellungsprozesses (Feinguss, Schmieden/Umformen, Pulvermetallurgie) vorgenommen werden [Gib90, Don02, S. 25 ff., Cav21, S. 294 ff.].

2.3.2 Alloy 718

Alloy 718 (Werkstoffnummer 2.4668) ist eine ausscheidungshärtende Nickelbasis-Superlegierung mit einer Dichte von 8,2 g/cm^3. Die γ-Matrix der Nickelbasis-Superlegierung 718 hat eine kfz Kristallstruktur und enthält Verfestigungsphasen. Zu diesen Phasen gehören Karbide und intermetallische Verbindungen wie geordnetes kfz γ' (Ni_3(Al,Ti,Nb), L12), geordnetes tetragonales γ'' (Ni_3Nb, D022) und kfz MX ((Nb,Ti)(C,N), B1). Durch die unerwünschten topologisch dicht gepackten Phasen wie die hexagonale Laves-Phase ($(Ni,Fe,Cr)_2$(Nb,Mo,Ti), C14) oder die orthorhombische δ-Phase (Ni_3(Nb,Ti), D0a) und tetragonale σ-Phase (CrFe, D8b) wird die Festigkeit reduziert. Das Eigenschaftspotenzial von Alloy 718 wird optimal genutzt, wenn zunächst alle Legierungselemente homogen verteilt werden und anschließend die Ausscheidungshärtung in kontrollierter Form abläuft. Während der Ausscheidungshärtung werden γ'- und γ"-Phasen gebildet. Der Teilchenhärtungseffekt in Alloy 718 basiert überwiegend auf der γ '-Phase. Bei hoch Nb-haltigen Werkstoffen wie Alloy 718 erfolgt neben der γ '-Härtung eine Aushärtung durch die γ''-Phase. Die γ ''-Phase ist aufgrund des insgesamt kfz Aufbaus kohärent mit der γ-Matrix. Es erfolgt keine würfelförmige Ausscheidung wie bei γ', sondern eine plättchenförmige. Bei Temperaturen bis zu 700 °C liefert die γ''-Phase aufgrund von Kohärenzspannungen einen hohen Härtungsbeitrag bei ausreichender Duktilität. [Obl74, Str08, Bür19, S. 372 ff., Cav21, S. 298 ff.]

Die Entwicklung der Legierung erfolgte Anfang der 1960er Jahre, wobei die grundlegende physikalische Metallurgie [Kau61, Bar62, Eis65, Wag65] sowie die Schweißbarkeit [Eva64, Duv67, Val69, Gor70] in den Folgejahren untersucht werden. Alloy 718 ist das meisteingesetzte Material für Turbinen-Bauteile mit einer Betriebstemperatur bis zu 700 °C [Ni23, Sch11]. Die chemische Zusammensetzung ist in Tabelle 1 angegeben.

Tabelle 1: Zusammensetzung von Alloy 718 in Gewicht% [Spe23].

Ni	Cr	Nb	Mo	Ti	Al	Co	C	Mn	Si	S	B	Cu	Fe
50,00-55,00	17,00-21,00	4,75-5,50	2,80-3,30	0,65-1,15	0,20-0,80	1,00 max.	0,08 max.	0,35 max.	0,35 max	0,015 max.	0,006 max.	0,30 max.	Balance

Alloy 718 vereint eine sehr gute Korrosionsbeständigkeit (z. B. Heißgas- und Spannungsrisskorrosion) bei sowohl hohen (z. B. Gasturbine) als auch tiefen Temperaturen (z. B. Offshore-Anwendungen) und eine gute Oxidationsbeständigkeit bis 1000 °C mit sehr guter Schweißbarkeit und Beständigkeit gegen Rissbildung an den Schweißnähten. Zudem weist die Legierung im Vergleich zu frühen Materialien, die im Turbinenbau verwendet werden, eine hohe Zug-, Dauer-, Kriech- und Bruchfestigkeit bei Temperaturen bis zu 700 °C auf [Ni23]. Alloy 718 ermöglicht die effiziente Herstellung von Strukturgussteilen [Pol06] mit großen Abmessungen und komplexen Geometrien. Neben (Gas-)Turbinenbauteilen werden Triebwerksbauteile, Raketenbauteile und generell Bauteile im Hochtemperaturbereich aus Alloy 718 gefertigt [Sjö10, Slm22]. Wegen der Korrosionsbeständigkeit und hohen Festigkeit wird die Legierung außer für Hochtemperaturanwendungen auch für Federn, Befestigungselemente, Ventilschieber und strukturelle Reaktorkomponenten eingesetzt [Eve71, S. 82, Pat18].

2.3.3 Gefügeausbildung, Wärmebehandlung und mechanische Eigenschaften

In Abbildung 2-3 ist die Ausbildung des Gefüges in Abhängigkeit der Geschwindigkeit der Erstarrung v und des Temperaturgradienten G schematisch dargestellt. Die Darstellung ist für die Fertigungsverfahren ‚Guss' und ‚DED-B' repräsentativ. Die Abkühlgeschwindigkeit V_a ist dabei das Produkt aus der Geschwindigkeit der Erstarrung v und dem Temperaturgradienten G. Je nach Kombination von v und G können unterschiedliche Erstarrungsmorphologien eingestellt werden [Ils16, S. 140].

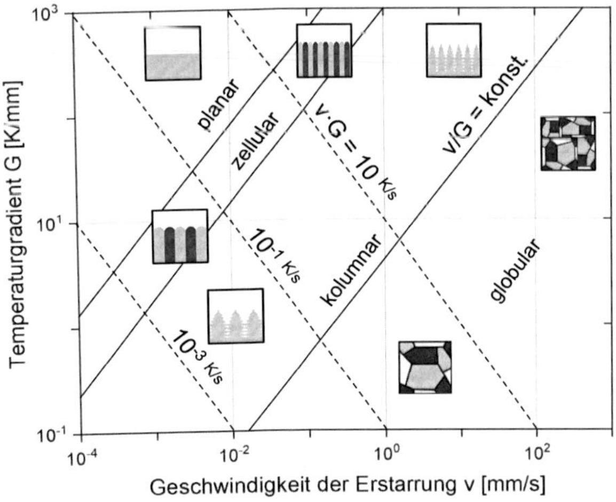

Abbildung 2-3: Auswirkung des Temperaturgradienten G und der Geschwindigkeit der Erstarrung v auf die Gefügeausbildung [nach Ils16, S. 140].

Im Erstarrungsprozesses neigen die für die Ausscheidungsverfestigung verantwortlichen Elemente aufgrund des niedrigen Gleichgewichtsverteilungskoeffizienten K zur Seigerung [Oda10]. Der Koeffizient K ist dabei der Quotient aus festen (C_s) und flüssigen (C_l) Bestandteilen an der Erstarrungsfront. Der Grad der Seigerung hängt von der Abkühlgeschwindigkeit ab [Cav21, S. 298 ff.].

Für additiv gefertigte Werkstoffe resultiert eine Vorzugsorientierung der Körner oftmals aus einer Anisotropie der Temperaturgradienten, wenn diese z. B. in Laser-Scan-Richtung oder Aufbaurichtung größer sind als z. B. in Spurversatzrichtung (vgl. Kapitel 4.3). Dies bedeutet, dass die Körner in Richtung des höchsten Temperaturgradienten (vgl. Abbildung 4-8) an der Erstarrungsfront des Schmelzbades ausgerichtet wachsen [Pis21, Li22, Lia22].

Die Gefügeausbildung von DED-LB/M-gefertigtem (vgl. Kapitel 2.1) Alloy 718 wird häufig beschrieben, wobei aktuelle Veröffentlichungen [Maz21, Gho22] eine Übersicht – auch über mögliche WBH – geben. Mechanische Eigenschaften von Alloy 718 im nicht wärmebehandelten Zustand in Abhängigkeit der Verfahren sind in Abbildung 2-4 und Abbildung 2-5 dargestellt.

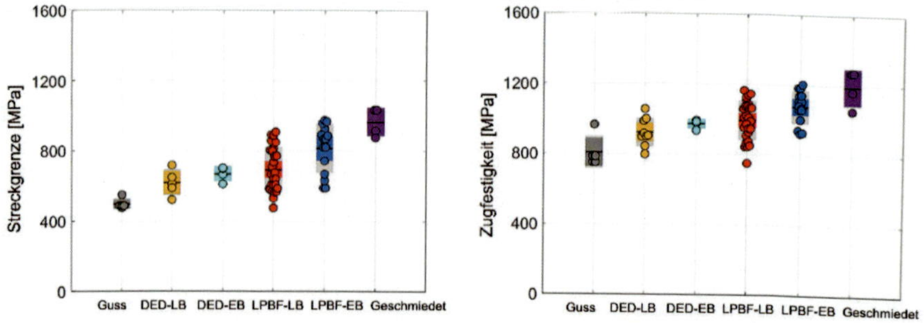

Abbildung 2-4: Links: Streckgrenze; rechts: Zugfestigkeit für additiv gefertigtes Alloy 718 aus Zugversuchen bei Raumtemperatur (RT) an Proben im nicht wärmebehandelten Zustand im Vergleich zu gegossenen und geschmiedeten Proben [nach Hos19].

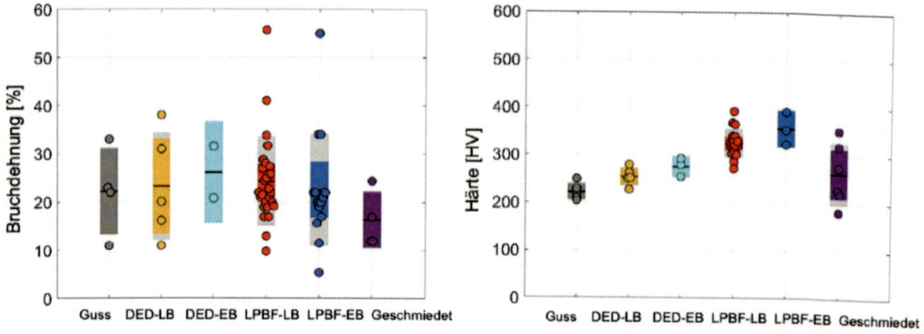

Abbildung 2-5: Links: Bruchdehnung; rechts: Erreichte Härten für additiv gefertigtes Alloy 718 von Proben im nicht wärmebehandelten Zustand im Vergleich zu gegossenen und geschmiedeten Proben [nach Hos19].

Das Erstarrungsgefüge im nicht wärmebehandelten Zustand besteht aus feinen kolumnaren Dendriten der γ–Matrix und interdendritisch gebildeten Partikeln der Laves-C14-Phase. Während der Erstarrung kann eine Entmischung der Legierungselemente beobachtet werden, die auf die unterschiedliche Löslichkeit der Legierungselemente in der flüssigen und festen Phase zurückzuführen ist. Elemente wie Niob, Molybdän und Titan haben eine niedrige Löslichkeitsschwelle in der Matrix und neigen zur Seigerung. Elemente wie Chrom, Eisen und Aluminium haben eine höhere Löslichkeitsschwelle und werden in der Matrix eingeschlossen [Kum20]. Die Laves-Phase entsteht aus der zuletzt erstarrenden flüssigen Phase, die aufgrund der Mikroseigerung besonders Niob-reich ist. Die Laves-Phase bindet die Legierungselemente, die für die Bildung der Ausscheidungen γ'' (Ni_3Nb) und γ' ($Ni_3(Al, Ti)$) notwendig sind. Ziele einer konventionellen WBH sind die Auflösung der Laves-Phase und die nachfolgende Ausscheidung nano-feiner γ"- bzw. γ'/γ"-Partikel [Xia17]. Alternativ zu γ" kann die Ausscheidung der Delta-Phase (Ni_3Nb) forciert werden, die bei T > 750°C als strukturell stabile Variante der Ni_3Nb–Phase auftritt [Sre2022]. Blackwell [Bla05], Qi et al. [Qi09] und Schafrik et al. [Sch11] untersuchen den Einfluss der WBH auf die mechanischen

Eigenschaften von Alloy 718. Dabei weist das Material im nicht wärmebehandelten Zustand reduzierte mechanische Eigenschaften (z. B. Härte, Festigkeit) auf. Weitere Veröffentlichungen zum DED-LB/M-Gefüge und zu mechanischen Eigenschaften für den nicht wärmebehandelten Zustand sind im Anhang 12.1 hinterlegt.

Im DED-LB/M-Prozess erfährt das neben und unter jeder aufgetragenen Schicht liegende feste Volumen eine zyklische Aufheizung und Abkühlung. Mit zunehmender Entfernung von der Position des Auftrages findet eine geringere Aufheizung statt. Bei der sogenannten ‚intrinsischen WBH' wird dieser Temperaturzyklus für das Auslagern oder Anlassen genutzt. Je nach chemischer Zusammensetzung des Materials können mit diesem Verfahren bei einer entsprechend hohen Ausscheidungskinetik Ausscheidungen bereits im DED-LB/M-Prozess erzeugt werden, sodass eine nachfolgende Ausscheidungshärtung (z. B. im Ofen) oftmals nicht mehr erforderlich ist [Jäg16, Kür19, Wei23]. Einen Einblick in die Sequenz der Phasenbildung bei der Erstarrung und WBH von additiv gefertigtem Alloy 718 bieten Kumara et al. [Kum19], die auch den Einfluss der zyklischen ‚In-situ'-WBH untersuchen, die durch den Wärmeeintrag beim sukzessiven Auftragen weiterer Schichten gegeben ist. Allerdings ist die Verweildauer des Materials innerhalb des γ'/γ"-Ausscheidungsbereichs (~ 600–900°C) sehr kurz (lediglich ~ 2 s). In weiterführenden Simulationen [Kum20] werden prozesstechnische Konfigurationen untersucht, die die Verweildauer innerhalb des γ'/γ"-Ausscheidungsbereichs erhöhen. Allerdings zeigt sich, dass zyklische ‚In-situ'-WBH von der Höhe des aufgetragenen Bauteils abhängig sind, weil die thermische Historie keinen Gleichgewichtszustand erreicht. Eine Aufstellung von Veröffentlichungen zur zyklischen ‚In-situ'- bzw. ‚intrinsischen' WBH ist im Anhang 12.1.3 hinterlegt.

Eine Übersicht über die Gefüge und mechanischen Eigenschaften additiv gefertigter Alloy 718-Proben bietet der Review-Artikel von Hosseini und Popovich [Hos19]. Darin werden vorrangig die klassischen Bedingungen der WBH beschrieben, die sich aus Lösungsglühen und zweistufigem Ausscheidungshärten zusammensetzen. Je nach Standard wird zusätzlich eine Homogenisierung und/oder ein heißisostatisches Pressen (HIP) durchgeführt. Durch HIP lassen sich interne Defekte im Material, z. B. Poren, reduzieren [Chu22]. In Tabelle 2 ist eine Übersicht der gängigen WBH für Alloy 718 dargestellt. Diese dienen i. d. R. der Auflösung der Laves- und Delta-Phase(n) sowie einer Homogenisierung des Materials, um einen chemisch homogenen Austenit für die Ausscheidungshärtung beim Auslagern als letzten Schritt der WBH zu erreichen.

Tabelle 2: Aerospace Material Specifications (AMS)-Standards für die WBH von Alloy 718.

Standard	WBH-Schritte	Temperatur	Haltezeit	Abkühlung
AMS 5663P [Ams22]	Lösungsglühen Auslagern	980 °C 720 °C 620 °C	1 h 8 h 8 h	Luftabkühlung Ofenkühlung 55 °C/h bis 620 °C Luftabkühlung
AMS 5383F [Ams19]	Homogenisierung Lösungsglühen Auslagern	1080 °C 980 °C 720 °C 620 °C	1.5 h 1 h 8 h 8 h	Luftabkühlung Luftabkühlung Ofenkühlung 55 °C/h bis 620 °C Luftabkühlung
AMS 5664G [Ams22a]	HIP Homogenisieren Auslagern	1180 °C (150 MPa) 1065 °C 760 °C 650 °C	3 h 1 h 10 h 8 h	Ofenkühlung Luftabkühlung Ofenkühlung 55 °C/h bis 650 °C Luftabkühlung

In Abbildung 2-6 (nach Hosseini und Popovich [Hos19]) werden Literaturangaben der mechanischen Kennwerte aus Zugversuchen von additiv gefertigten Alloy 718-Proben nach unterschiedlichen WBH im Vergleich zu gegossenen und geschmiedeten Proben zusammengefasst.

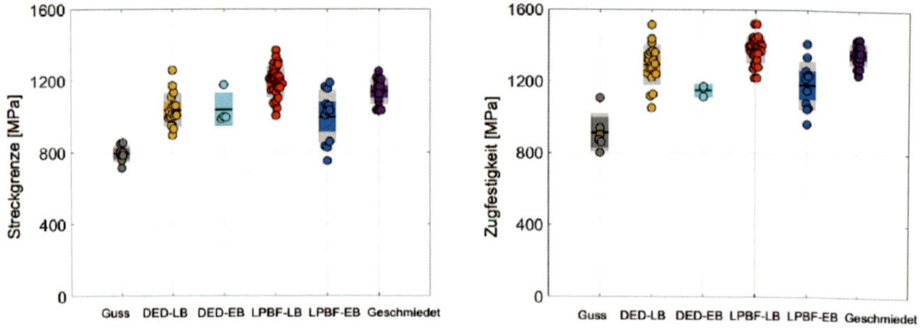

Abbildung 2-6: Links: Streckgrenze; rechts: Zugfestigkeit für additiv gefertigtes Alloy 718 aus Zugversuchen bei RT an wärmebehandelten Proben im Vergleich zu gegossenen und geschmiedeten Proben [nach Hos19].

Die Daten für DED-LB/M zeigen das Potenzial der Legierung Alloy 718, wenn der Ausscheidungshärtung ein komplettes Lösungsglühen vorangestellt wird, also eine homogene Verteilung der Legierungselemente im Material vorliegt und eine homogene Ausscheidungshärtung für γ" und γ'/γ" realisiert wird. Nach AMS5383F für

Feingussbauteile werden bei Raumtemperatur (RT) Festigkeiten von $R_{p0,2}$ = 758 MPa und R_m = 862 MPa erzielt [Ams19].

In Abbildung 2-7 nach Hosseini und Popovich [Hos19] sind Literaturangaben für die Bruchdehnung und erreichte Härte für additiv gefertigtes Alloy 718 nach WBH im Vergleich zu gegossenen und geschmiedeten Proben zusammengefasst.

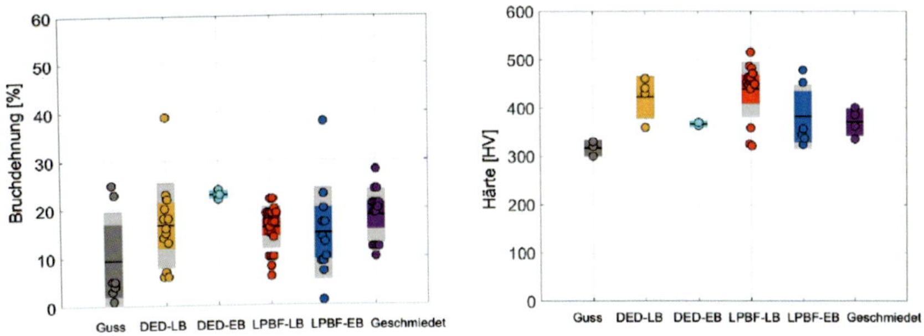

Abbildung 2-7: Links: Bruchdehnung; rechts: Erreichte Härten für additiv gefertigtes Alloy 718 von Proben im wärmebehandelten Zustand im Vergleich zu gegossenen und geschmiedeten Proben [nach Hos19].

Deutlich kürzere WBH als die mehrstufigen und mehrstündigen AMS-Standards sind durch direktes Auslagern zu erzielen, da auf isotherme Homogenisierung und Lösungsglühen verzichtet wird. Gängige Praxis ist es, die Ausscheidungshärtung nach Abkühlung aus einem vorangehenden Prozessschritt zu realisieren. Rielli et al. [Rie21] zeigen, wie sich die γ'/γ"-Ausscheidungen mit der Zeit entwickeln. Bereits nach zwölf Minuten liegen ultrafeine Ausscheidungen von γ' (türkis) und γ" (braun) in hoher Zahl vor, wenn auch der Volumenanteil klein ist (siehe Abbildung 2-8). Die Größe der Ausscheidungen beträgt 2–5 nm. Die Härte beträgt ~ 375 HV.

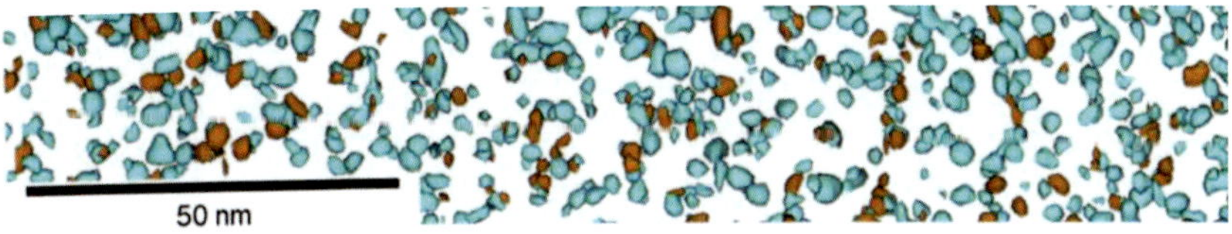

Abbildung 2-8: Atomsondentomografie(APT)-Rekonstruktion; γ'/γ"-Ausscheidungen nach zwölf Minuten; γ' (türkis) und γ" (braun) [Rie21].

Die Ergebnisse von Rielli et al. zeigen, dass bereits kurze Zeiten bei T = 720°C ausreichen, um einen Härteanstieg durch γ'/γ"-Ausscheidungen zu erzielen.

3 Problemstellung, Zielsetzung und Herangehensweise

3.1 Problemstellung

Der Stand der Technik weist Einschränkungen und Herausforderungen hinsichtlich der Umsetzbarkeit eines minimalinvasiven Wiederaufbaus von beschädigten oder abgetragenen Bereichen innerhalb von Bauteilen (Kavitäten) mittels pulverbasiertem DED-LB/M und der anschließenden laserbasierten Funktionalisierung der aufgebrachten Beschichtung auf.

Aus der Betrachtung des Standes der Technik hinsichtlich der verfügbaren Systemtechnik zur Innenbearbeitung geht hervor, dass die Bauteile eine Zugangsöffnung von mindestens 25 mm Durchmesser aufweisen sollen, um einen minimalinvasiven Wiederaufbau sowie eine laserbasierte Funktionalisierung realisieren zu können. Bauteile aus den Branchen Werkzeug-, Maschinen- und Triebwerksbau weisen jedoch häufig rechteckige Zugangsöffnungen mit einer Breite kleiner 25 mm auf und lassen sich folglich nicht mit der im Stand der Technik beschriebenen Systemtechnik bearbeiten.

Bezüglich der Verarbeitung von Alloy 718 mittels DED-LB/M gibt es eine Vielzahl von Veröffentlichungen, wobei die Einfluss-Wirk-Zusammenhänge zwischen pulverförmigen Zusatzwerkstoffen und der Systemtechnik innerhalb von Kavitäten nicht betrachtet werden. Beim DED-LB/M wird der pulverförmige Zusatzwerkstoff über den Fördergasstrom im Bereich des Schmelzbads auf der Bauteiloberfläche induziert. Dabei wird jedoch nicht das gesamte Pulver aufgeschmolzen, was umherfliegende Pulverpartikel und Ablagerungen von Pulver auf dem Bauteil zur Folge haben kann. Daher stellen Pulverablagerungen innerhalb des Bauteils sowie auf optischen Komponenten der für den DED-LB/M-Prozess innerhalb des Bauteiles verwendeten Systemtechnik eine Herausforderung dar. Aus der eingeschränkten Zugänglichkeit und den variierenden Grundmaterialstärken bei Reparaturschweißungen ergeben sich Anforderungen hinsichtlich der Bearbeitungsstrategie beim Materialauftrag innerhalb von Bauteilen sowie der Auswahl von Verfahrensparametern (z. B. Laserleistung).

Nach dem DED-LB/M weist die Beschichtung aus Alloy 718 das in Kapitel 2.3.2 beschriebene Erstarrungsgefüge im nicht wärmebehandelten Zustand und für die industrielle Anwendung nicht ausreichende mechanische Eigenschaften auf. Eine lokale (In-situ-) Funktionalisierung zur Ausscheidungshärtung durch Laserstrahlung, die den Bereich des additiv aufgetragenen Materials erwärmt, bringt Anforderungen an die Prozessführung gegenüber den klassischen, mehrstündigen SAE (Verband der Automobilingenieure)-WBH mit sich und ist bisher nicht untersucht.

3.2 Zielsetzung, Forschungsfrage und Herangehensweise

Auf Basis der Problemstellung wird für die Untersuchungen in dieser Arbeit folgende Zielsetzung definiert, um den Stand der Technik zu erweitern:

Ziele dieser Arbeit sind der minimalinvasive Aufbau rissfreier Beschichtungen mittels pulverbasierten DED-LB/M auf Bereichen mit variierenden Grundmaterialstärken innerhalb von Bauteilen ohne vorherige Demontage und die minimalinvasive, laserbasierte Funktionalisierung zur Ausscheidungshärtung des beschichteten Bereichs.

Basierend auf der Zielsetzung soll im Rahmen der Untersuchungen folgende Forschungsfrage beantwortet werden:

Wie können der minimalinvasive Aufbau rissfreier Beschichtungen mittels pulverbasierten DED-LB/M auf Bereichen mit variierenden Grundmaterialstärken innerhalb von Bauteilen mit Zugangsöffnungen (Höhe ≤ 50 mm, Breite ≤ 10 mm) und die minimalinvasive, laserbasierte Funktionalisierung zur Ausscheidungshärtung des beschichteten Bereichs unter Nutzung der benötigten Systemtechnik für eine industrielle Anwendung erreicht werden und welche Eigenschaften (Festigkeit, Härte, Gefüge) weisen die generierten und funktionalisierten Schichten auf?

Um die Zielsetzung zu erreichen und die gestellte Forschungsfrage zu beantworten, ist die Arbeit in neun Kapitel gegliedert. Die Gliederung ist in Abbildung 3-1 dargestellt, wobei die Untersuchungen wie folgt unterteilt werden:

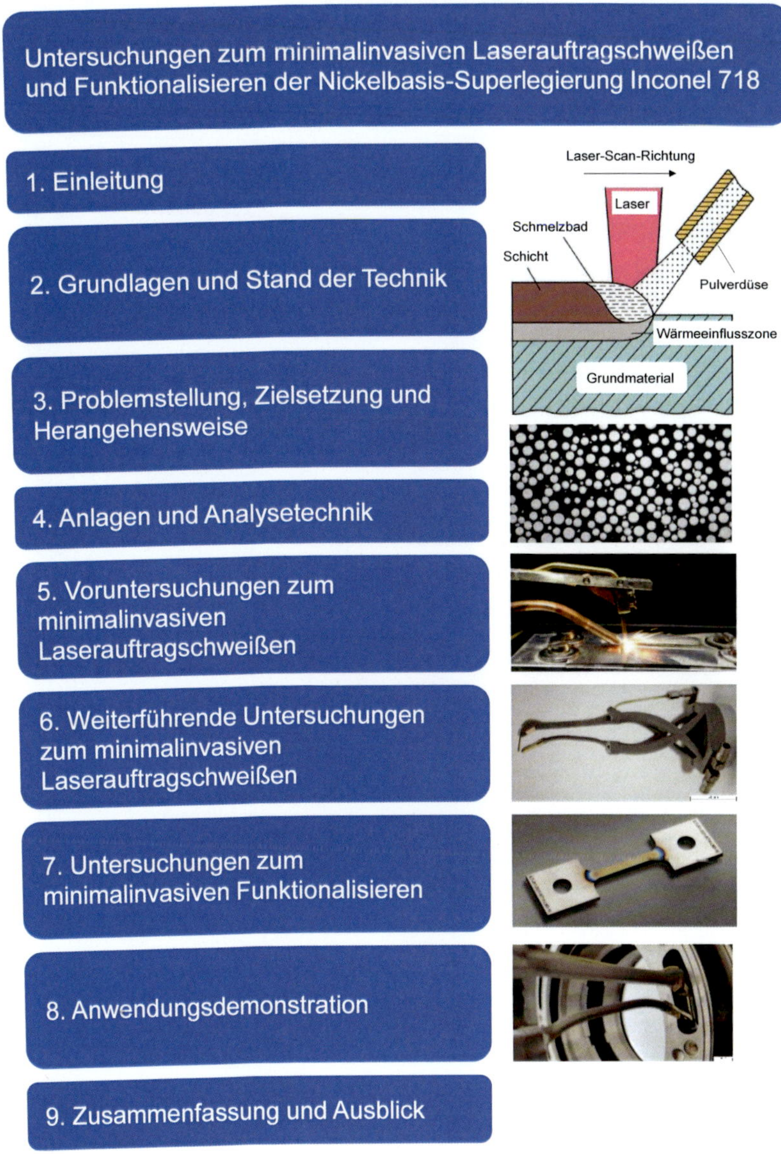

Abbildung 3-1: Gliederung der Arbeit; Zahlen entsprechen den Kapitelnummern.

Nach einer Einleitung in Kapitel 1 und Ausführung des Stands der Technik in Kapitel 2 wird in Kapitel 3 die resultierende Problemstellung zusammengefasst, die Zielsetzung abgeleitet und die Forschungsfrage formuliert. Ebenfalls wird die Gliederung der Arbeit vorgestellt. Die verwendete Anlagen- und Analysetechnik wird in Kapitel 4 beschrieben.

In Kapitel 5 werden die Voruntersuchungen zum minimalinvasiven DED-LB/M durchgeführt. Diese beinhalten neben der Gestaltung und dem Aufbau der Systemtechnik für den minimalinvasiven Materialaufbau innerhalb von Bauteilen die Erstellung einer Bearbeitungsstrategie sowie abschließende Funktionstests. Es schließen sich Untersuchungen zum Einfluss umherfliegender Pulverpartikel auf die optischen Komponenten im DED-LB/M-Prozess und die Verfahrensentwicklung für dünnwandiges Grundmaterial an. Die Gefüge der bei der Verfahrensentwicklung erzeugten Proben werden hinsichtlich Poren, Rissen und Anbindungsfehlern metallografisch untersucht. Ebenfalls werden Härtemessungen am DED-LB/M-Material durchgeführt.

In Kapitel 6 erfolgen weiterführende Untersuchungen zum minimalinvasiven DED-LB/M. Hierzu wird auf Basis der Erkenntnisse der Voruntersuchungen die Systemtechnik überarbeitet und Funktionstests unterzogen. Das Kapitel schließt mit der Herstellung von Materialprüfproben, dem Durchführen von Zugversuchen zur Erlangung der statischen mechanischen Eigenschaften sowie einer metallografischen Bewertung der erzeugten Proben hinsichtlich Gefüge, Poren, Rissen und Anbindungsfehlern. Ebenfalls werden Härtemessungen durchgeführt.

In Kapitel 7 werden Untersuchungen zum minimalinvasiven Funktionalisieren durchgeführt. Nach der Gestaltung, dem Aufbau und Funktionstests der Systemtechnik für die minimalinvasive Funktionalisierung innerhalb von Bauteilen erfolgt die Simulation der induzierten Temperaturzyklen als Eingangsgröße für die Verfahrensentwicklung an Proben. Es folgen die Funktionalisierung von Materialprüfproben und das Durchführen von Zugversuchen zur Ermittlung der statischen mechanischen Eigenschaften. Weiterhin erfolgt eine metallografische Bewertung der erzeugten Proben hinsichtlich Gefüge, Poren, Rissen und Anbindungsfehlern. Ebenfalls werden Härtemessungen durchgeführt.

In Kapitel 8 erfolgt die Anwendungsdemonstration der entwickelten Verfahren zum minimalinvasiven DED-LB/M und Funktionalisieren an einem strukturellen Triebwerksbauteil.

4 Anlagen- und Analysetechnik

4.1 Anlagentechnik

Für die Untersuchungen steht eine 6-Achsen-Gantry-Anlage zur Verfügung. Mit der Anlage ist es möglich, die am Kragarm befestigte Bearbeitungsoptik (BEO) D70 (Firma Trumpf Laser- und Systemtechnik GmbH, Ditzingen, Deutschland) mit einer Brennweite von 300 mm in alle Raumrichtungen zu bewegen. An der Bearbeitungsoptik können DED-LB/M-Beschichtungseinheiten über eine Adaptereinheit angeflanscht werden. Abbildung 4-1 zeigt den Kragarm der Gantry-Anlage (rot) mit befestigter BEO D70 (rechts) und die auf der gegenüberliegenden Seite befestigte Umlenkoptik mit angebrachter Auskoppeleinheit und angebrachtem Kamerasystem (links). Die Auskoppeleinheit ist mit dem Lichtleitkabel (gelb) des Lasers verbunden.

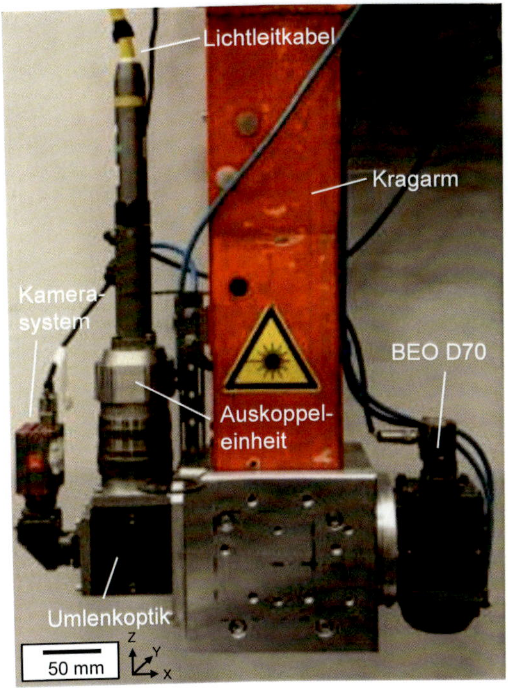

Abbildung 4-1: Kragarm der Gantry-Anlage (rot) mit Auskoppeleinheit und Kamerasystem (links) und Bearbeitungsoptik BEO D70 (rechts).

Um eine DED-LB/M-Beschichtungseinheit an die Bearbeitungsoptik BEO D70 anzubinden, ist eine Adaptereinheit (Abbildung 4-2) mit einer Justiereinheit zur Ausrichtung der DED-LB/M-Beschichtungseinheit zum Laserstrahl vorgesehen. Die darin verbaute Laserstrahlblende, über die der Laserstrahldurchmesser eingestellt werden kann, ist wassergekühlt und der Justiereinheit für die DED-LB/M-Beschichtungseinheit vorgeschaltet. Die Ausrichtung der Justiereinheit zum Laserstrahl kann über Stellschrauben vorgenommen werden.

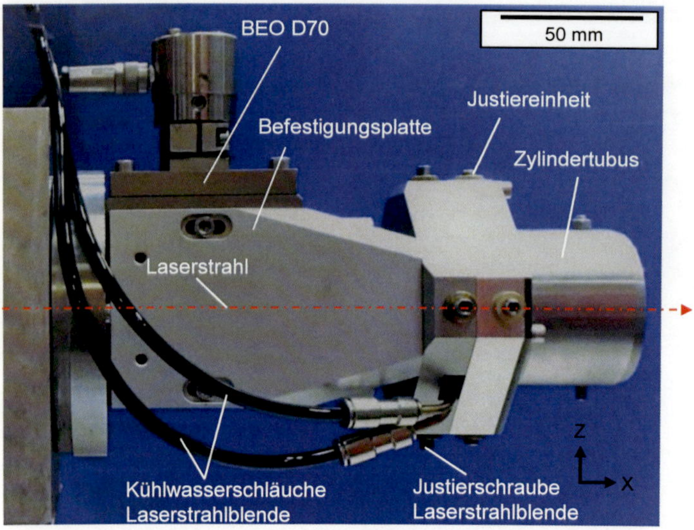

Abbildung 4-2: Adaptereinheit mit wassergekühlter Laserstrahlblende und Justiereinheit für die Anbindung der Systemtechnikprototypen an das Optiksystem der Bearbeitungsanlage.

Der Zylindertubus bildet die Anbindungsstelle für die DED-LB/M-Beschichtungseinheit. Die Adaptereinheit ist mit Befestigungsplatten an der für die Bearbeitung zur Verfügung stehenden Bearbeitungsoptik angebunden.

4.1.1 Strahlquelle

Als Strahlquelle wird ein fasergekoppelter Laser TD 4006 (Firma Trumpf SE + Co. KG, Ditzingen, Deutschland) verwendet. Der Faserdurchmesser des Lichtleitkabels beträgt 600 µm. Als Laserstrahlung wird ausschließlich kontinuierliche (cw) Nd-YAG-Laserstrahlung der Wellenlänge λ = 1064 nm eingesetzt. Die maximale Laserleistung beträgt 4000 W. Die ermittelte Laserstrahlkaustik der Fokussieroptik ist in Abbildung 12-1 im Anhang 12.2 dargestellt.

4.1.2 Pulverförderer

Zur Förderung des pulverförmigen Zusatzwerkstoffs wird der Pulverförderer Single 10-C (OC Oerlikon Corporation AG, Pfäffikon, Deutschland) verwendet. Beim Pulverförderer handelt es sich um einen Tellerförderer mit Abstreifersystem. Der ausgewählte Förderteller hat eine Rillenbreite von 3,5 mm und eine Rillentiefe von 0,3 mm. Diese Nutgeometrie ist so ausgewählt, dass der Pulverförderer bei Pulvermassenströmen bis 5 g/min betrieben werden kann. Der Pulvermassenstrom wird über die Umdrehungsgeschwindigkeit des Fördertellers gesteuert.

4.2 Pulver Alloy 718

Der zum Laseraufragschweißen genutzte pulverförmige Zusatzwerkstoff wird durch einen APA-Prozess (APA: Advanced Plasma Atomization) hergestellt. Dabei wird das Rohmaterial in Drahtform durch einen Plasmabrenner aufgeschmolzen und mittels eines Argon-Gasstroms zerstäubt. Aus den erstarrten Pulverpartikeln wird durch einen Siebprozess die spezifizierte Kornfraktion des Pulvers extrahiert [Bas19]. Der in den Pulverbehältern vorhandene Feuchtigkeitsbinder hält das Pulver trocken und frei von Oxiden. Durch dieses Vorgehen ist eine für die Pulverförderung ausreichende Fließfähigkeit sichergestellt. Ebenfalls ist die Oxidationsfreiheit des Pulvers eine Voraussetzung für die Herstellung von oxidfreien Schichten.

Für die Untersuchungen in dieser Arbeit wird eine Charge Alloy 718 Pulver (AP&C, Montreal, Kanada) verwendet:

- APA Alloy 718 Powder / Batch.Nr:17-A047/15-45/ Kornfraktion: 15–45 µm / Zertifikat MC-17-0798 (vgl. Anhang 12.3)

Ein Schliffbild des Pulvers ist in Abbildung 4-3 dargestellt. Aus der Abbildung geht hervor, dass eine hohe Sphärizität der Pulverpartikel mit geringer Satellitenbildung vorliegt. Nur vereinzelt sind Einlagerungen von Poren in Pulverpartikeln zu erkennen und das Pulver weist nur wenige Partikel auf, die von der angegebenen Kornfraktion von 15–45 µm abweichen.

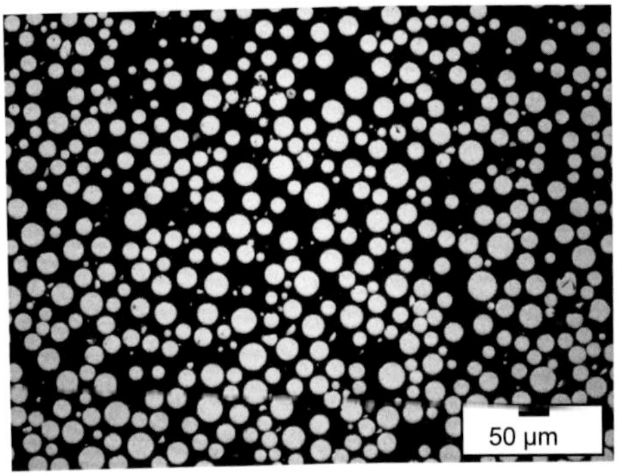

Abbildung 4-3: Lichtmikroskopisch erstelltes Schliffbild eines pulverförmigen Schweißzusatzwerkstoffes, Alloy 718, Kornfraktion 15–45 µm.

4.3 Probengeometrie und Verfahrensparameter

In Abbildung 4-4 ist die Lage der in der Arbeit verwendeten Proben zum in Abbildung 4-1 eingeführten Koordinatensystem dargestellt. X beschreibt die Laser-Scan-Richtung, Y die Spurversatzrichtung und Z die Aufbaurichtung. Der DED-LB/M-Materialauftrag findet auf artgleichem Grundmaterial (Feinguss bzw. geschmiedet) statt. Über den Auftrag von überlappenden Einzelspuren wird eine Beschichtung erzeugt. Aus der Beschichtung werden Proben entnommen (vgl. Abbildung 4-5).

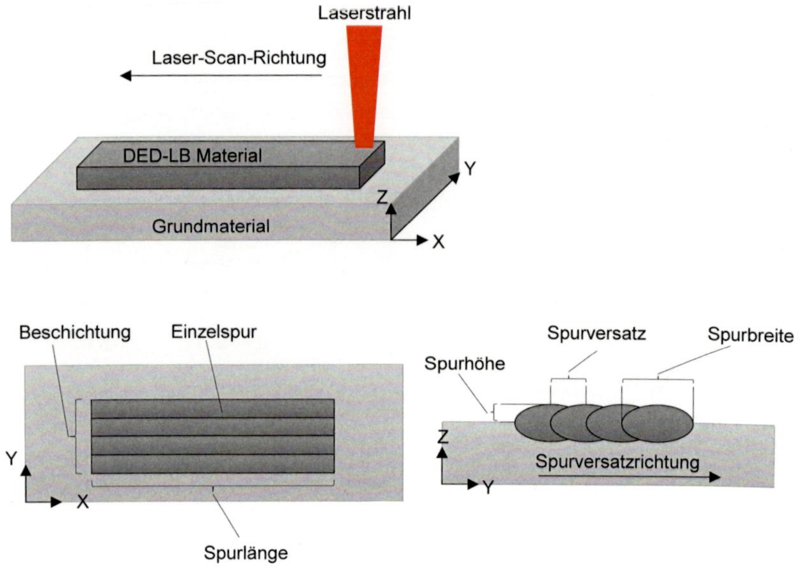

Abbildung 4-4: Übersicht von Probengeometrie und Verfahrensparametern.

4.4 Analysetechnik

4.4.1 Probenpräparation

Für die Herstellung metallografischer Schliffe werden Proben gemäß der gewünschten Probenorientierungen getrennt. Abbildung 4-5 zeigt hierzu eine Übersicht der gewählten und im Folgenden analysierten Probenorientierungen. Die Proben werden in einer Warmeinbettpresse Opal 460 (ATM Qness GmbH, Mammelzen, Deutschland) leitfähig eingebettet. Das leitfähige Einbetten ist eine Voraussetzung für die Untersuchungen am Rasterelektronenmikroskop (REM). Im Folgenden werden die Proben zunächst mit Silizium-Karbid-Schleifpapier der Stufe 180, 320, 500, 1000 und 2500 geschliffen. Als Kühlmittel wird Wasser verwendet. Danach werden die Proben mechanisch mit 9 µm und 3 µm Diamantsuspension poliert. Eine finale Politur wird mit Siliziumdioxid-Suspension durchgeführt. Für Elektronenrückstreubeugung(EBSD)-Messungen werden die Proben zusätzlich für sechs Stunden auf einem ‚VibroMet' (Buehler, ITW Test & Measurement GmbH, Leinfelden-Echterdingen, Deutschland) mit Siliziumdioxid-Suspension vibrationspoliert. Für die lichtmikroskopischen Gefüge-Analysen werden die Proben bei RT mit zehnprozentiger Oxalsäure geätzt, bis sich ein Gefüge-Kontrast zwischen den einzelnen Schweißspuren einstellt.

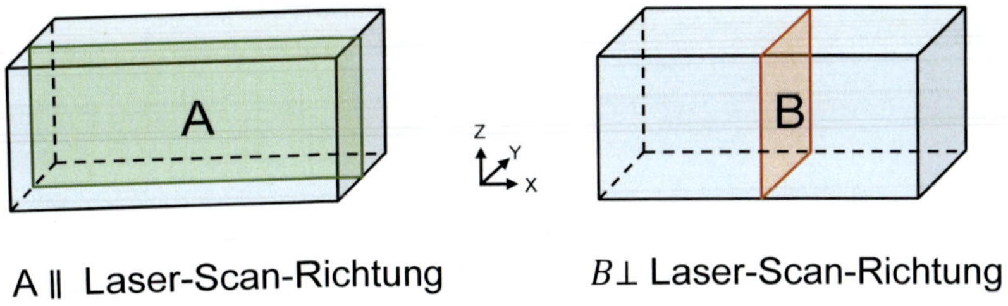

Abbildung 4-5: Schematische Darstellung der Schliffebenen, Längsschliff ‚Orientierung A' (links), Querschliff ‚Orientierung B' (rechts).

4.4.2 Lichtmikroskopie und Porositätsanalyse

Zur Anfertigung von lichtmikroskopischen (LiMi) Gefüge-Aufnahmen an Proben (vgl. Abbildung 4-6) im geätzten und polierten Zustand wird ein Lichtmikroskop ‚Axio-Imager.A1m' (Carl Zeiss Microscopy Deutschland GmbH, Oberkochen, Deutschland) verwendet.

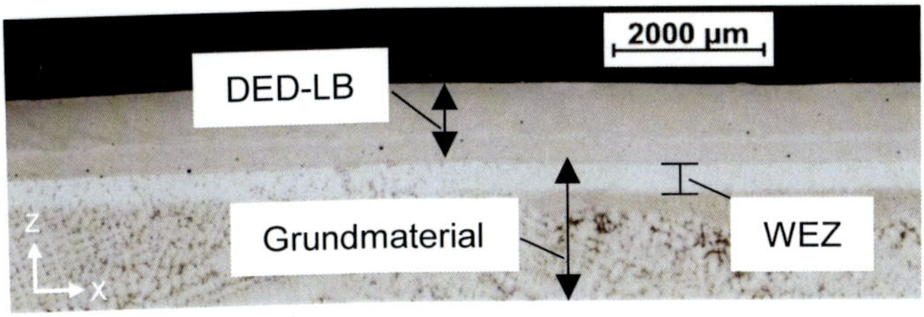

Abbildung 4-6: Lichtmikroskopische Gefüge-Aufnahme eines Längsschliffs mit Darstellung der Wärmeeinflusszone (WEZ), des Grundmaterials und der DED-LB/M-Beschichtung.

Die Gefüge-Aufnahmen im geätzten Zustand werden bei 50-facher und 100-facher Vergrößerung durchgeführt, um einen Überblick über das Gesamtgefüge nach dem DED-LB/M-Materialauftrag zu erhalten und den Einfluss des Wärmeeintrags auf das Grundmaterial zu untersuchen. Die Gefüge-Aufnahmen werden ebenfalls auf mikroskopisch erkennbare Risse und/oder Anbindungsfehler untersucht. Die Porositätsanalyse an polierten Proben wird unter Verwendung der Open-Source-Software ‚ImageJ' (National Institutes of Health, Bethesda, USA) an LiMi-Bildern bei 50-facher Vergrößerung durchgeführt. Die Porositätsanalyse wird durchgeführt, da es bei einer mechanischen Belastung im Material durch das Zusammenwachsen von Poren zur Bruchentstehung kommen kann [Luo18]. Daher wird ein möglichst porenfreies Gefüge (< 1 %) mit Poren kleiner 40 µm angestrebt. Die Analyse wird für die vorhandene Bereichsauswahl (vgl. Abbildung 4-7) oder für das gesamte Bild durchgeführt, wenn keine Auswahl vorhanden ist. Über ein Schwellwertverfahren am 8-bit-Graustufenbild wird ein binäres Bildformat erreicht und die Porosität segmentiert. Die einzelnen Objekte werden über geometrische Funktionen analysiert. Hierbei können Poren bis zu einer Größe (minimaler Durchmesser) von 2,3 µm gemessen werden [Ras18, Sch12].

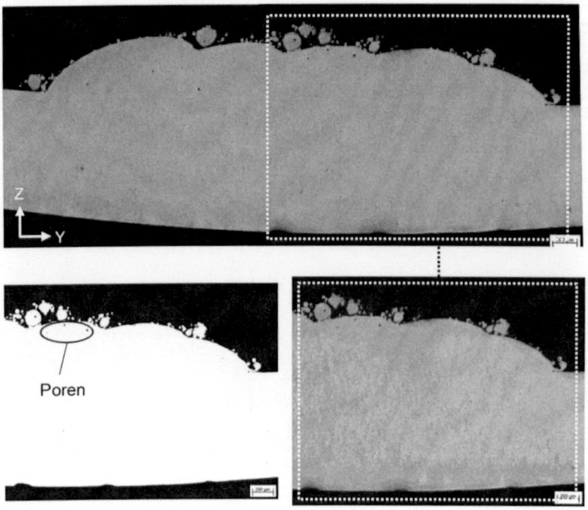

Abbildung 4-7: Porositätsanalyse; oben: Übersicht Probe; unten rechts: Bereich für Analyse; unten links: Auswertung.

4.4.3 REM-, EBSD- und EDX-Analysen

Gefügeanalysen der Mikrostruktur werden im REM (Rasterelektronenmikroskop) ULTRA55 und 1540XB (Carl Zeiss Microscopy Deutschland GmbH, Oberkochen, Deutschland) unter Verwendung der analytischen Detektoren ‚UltimMax170' für Energiedispersive Röntgenspektroskopie (EDX) und ‚Nordlys EBSD-Kamera' sowie der Software ‚Aztec 4.3' (Oxford Instruments GmbH, Wiesbaden, Deutschland), inklusive der Erstellung von EDX- und EBSD-Mapping, bei unterschiedlichen Vergrößerungen und in verschiedenen Bereichen von Interesse durchgeführt. Hierzu werden zunächst BSE-(‚Back Scattered Electron' = Rückstreuelektronen)Bilder – zur Darstellung des Phasenkontrastes – der Proben aufgenommen und danach EDX- und EBSD-Mappings erstellt, um die vorliegenden Phasen, Elementkonzentrationsverteilungen und Kornorientierungsverteilungen zu beurteilen. Mithilfe der Aufnahmen werden die ‚Ausprägung' (Morphologie und Phasenverteilung) sowie die Korngröße des Materials ermittelt sowie die Vorzugsorientierungen, z. B. resultierend aus dem DED-LB/M-Materialauftrag, dargestellt.

Im Rahmen der EBSD-Analysen wird insbesondere die Darstellung von Bandkontrast-Karten, inversen Pol-Figur(IPF)-Karten sowie Korngrenzenkarten gewählt.

- Der Bandkontrast wird aus der Hough-Transformation abgeleitet und beschreibt die mittlere Intensität der Kikuchi-Bänder, bezogen auf die Gesamtintensität [Ala54, Zsc21]. Im Wesentlichen hängt der Bandkontrast mit dem Helligkeitsniveau der Beugungsbänder über einem normalisierten Hintergrund zusammen und wird durch die Musterqualität und die kristallografische Orientierung beeinflusst. Bandkontrast-Karten zeigen Korngrenzen deutlich und haben gleichmäßige Bandkontrastwerte innerhalb eines Korns. In Bandkontrast-Karten lassen sich ebenfalls Mikrostrukturen einschließlich Bereiche höherer Spannungen (erscheinen dunkler) in belasteten Proben darstellen [Oxf20].

- Die kristallografische Orientierung in X-, Y- oder Z-Richtung wird über IPF-Karten dargestellt. Das Farbschema der IPF-Karte erzeugt eine Farbe für jede Ausrichtung gemäß der kristallografischen Achse (vgl. Abbildung 4-8). Die Farbe für eine bestimmte kristallografische Achse hängt von ihrer Position gemäß der in Abbildung 4-8 dargestellten IPF-Legende ab [Oxf20].
- Die Korngrenzendarstellung wird so gewählt, dass Kleinwinkelkorngrenzen mit einer Orientierungsdifferenz von mehr als 2° bis 15° in Grün dargestellt werden und Großwinkelkorngrenzen (> 15° Orientierungsdifferenz) in Rot. Bei Kleinwinkelkorngrenzen handelt es sich um einen zweidimensionalen Gitterbaufehler. Die Kleinwinkelkorngrenze kann aus einer Reihe von Stufenversetzungen aufgebaut sein. Kleinwinkelkorngrenzen können durch Versetzungsumordnung bei der Erholung verspannter oder stark belasteter Kristalle entstehen, wenn noch keine Rekristallisation stattgefunden hat [Got14 S.92-98 und S.333-346, Oxf20].
- Die EDX-Mappings werden zusätzlich zu den EBSD-Analysen gewählt, um die Verteilung der Elemente innerhalb der Proben zu analysieren. Hierbei sind Bereiche höherer Konzentrationen (Anreicherung) des Elements jeweils farbintensiver dargestellt und Bereiche geringerer Elementkonzentrationen (Verarmung des jeweiligen Elements) entsprechend dunkler bis schwarz [Oxf20].

In Abbildung 4-8 ist die IPF-Farbkodierung für ein kubisches Kristallsystem (analog γ -Phase Alloy 718) dargestellt.

Abbildung 4-8: Farbliche Darstellung der Kristallorientierungen in einem kubischen Kristall; d. h. Rot = <001>, Grün = <101> und Blau = <111>.

4.4.4 Atomsondentomografie (APT)

Das mikroanalytische Verfahren der Atomsondentomografie (APT) erlaubt es, die räumlichen Koordinaten und elementaren Identitäten einzelner Atome innerhalb eines kleinen Volumens mit atomarer Auflösung zu bestimmen. Daher stellt die APT eine Technik zum Erstellen dreidimensionaler Bilder mit atomarer Auflösung der Verteilung gelöster Stoffe innerhalb der Mikrostrukturen von Materialien dar [Mil20 S. vii]. Die APT-Proben werden aus dem für die Entnahme identifizierten Bereich unter Verwendung eines zweistrahligen fokussierten Ionenstrahls ‚FEI Helios G4' (Thermo Fisher

Scientific, Henningsdorf, Deutschland) gemäß den von Thompson et al. [Tho07] beschriebenen Verfahren hergestellt. Die APT-Proben werden auf einem ‚LEAP 5000XS-Instrument' (CAMECA SAS, Gennevilliers Cedex, Frankreich) analysiert, das im Laserpulsmodus mit einer Wiederholungsrate von 250 kHz, einer Laserpulsenergie von 50 pJ und bei einer Basistemperatur von 50 K betrieben wird. Die APT-Analyse wird unter Verwendung der ‚IVAS 3.8.10-Software' (CAMECA SAS, Gennevilliers Cedex, Frankreich) durchgeführt.

4.4.5 Härtemessung

Die instrumentierte Mikro-Eindringprüfung wird zur Bestimmung von Härteverläufen (Grund- vs. DED-LB/M-Material – vor und nach der LWBH) mit einem MHT3-Mikro-Indenter (Anton Paar Germany GmbH, Ostfildern-Scharnhausen, Deutschland) durchgeführt. Hierzu werden hochaufgelöste (200 µm Abstand) Härteverteilungskarten der Proben erstellt. Die maximale Last beträgt 1 N und die vorgegebene Eindringgeschwindigkeit 2000 mN/min. Es wird im kraftkontrollierten Modus gemessen. Je Probe werden bis zu 225 Härteeindrücke mit einem Vickers-Prüfkörper gesetzt [Din18].

4.4.6 Mechanische Tests

Zur Ermittlung der statischen mechanischen Eigenschaften (Zugfestigkeit R_m, Dehngrenze $Rp_{0,2}$ und Bruchdehnung A) werden Zugversuche bei RT= 20 °C und erhöhter Temperatur (ET = 500 °C) durchgeführt. Hierbei werden die Eigenschaften des auftraggeschweißten und funktionalisierten Werkstoffes Alloy 718 mit und ohne Berücksichtigung der Anbindungszone(n) durch die Prüfung von Flachzugproben ermittelt. Die Beschreibung der jeweiligen Zugproben sowie deren Konfiguration sind in Kapitel 6.5 und Kapitel 7.4 gegeben.

4.4.7 Bruchflächenanalyse

Die Analyse der Bruchflächen der Zugproben dient der Beurteilung des Bruchursprungs und des Bruchfortschritts. Es soll geprüft werden, ob ein deutlicher Unterschied zwischen der charakteristischen Bruchbildung bei RT = 20 °C und bei ET = 500°C zu erkennen ist. Die Aufnahmen für die Analyse werden in einem Rasterelektronenmikroskop bei bis zu 15 000-facher Vergrößerung erstellt. Hierbei wird primär der Sekundärelektronen(SE)-Detektor verwendet, der insbesondere dafür geeignet ist, topografische Unterschiede einer Probe darzustellen und zu analysieren [Sei83]. Erhebungen auf der Probenoberfläche werden hierbei durch eine höhere Anzahl der Sekundärelektronen heller, Vertiefungen entsprechend dunkler dargestellt. Für die Darstellung der Phasenkontraste wird zusätzlich der Rückstreuelektronen(BSE)-Detektor verwendet, der Elemente einer höheren Ordnungszahl heller und Elemente niedriger Ordnungszahl dunkler darstellt, sodass z. B. auch Oxide oder Verunreinigungen auf der Probenoberfläche (Kohlenstoff) dunkler erscheinen. Für die Bruchflächenanalyse homogener (reines Grund- bzw. DED-LB/M-Material) und hybrider Proben werden der Übergangsbereich zwischen Grundmaterial und DED-LB/M-Material sowie die entstehenden Bruchstrukturen aufgenommen.

5 Voruntersuchungen zum minimalinvasiven Laserauftragschweißen

5.1 Definition von Modellkavität und Beschichtung

Die für die Untersuchungen definierte Modellkavität hat die lichten Maße 10 mm x 50 mm x 140 mm und ist in Abbildung 5-1 dargestellt. Diese Abmessungen sind typisch für Anwendungen im Werkzeug-, Maschinen- und Triebwerksbau. Die Beschichtungsbreite innerhalb der Kavität ist mit mindestens 9 mm und die Beschichtungshöhe mit mindestens 0,75 mm definiert. Für den zu beschichtenden Bereich wird eine Grundmaterialstärke von 0,5–1 mm angenommen (vgl. Abbildung 5-1).

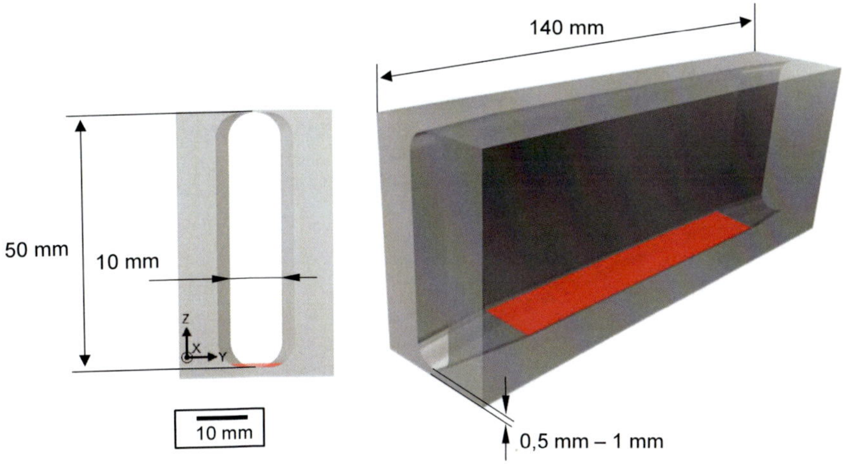

Abbildung 5-1: CAD-Modell der Modellkavität in Vorderansicht (links) und isometrische Ansicht (rechts) mit Beschichtung (rot).

5.2 Anforderungen an die Systemtechnik

Die Anforderungen an die Beschichtungseinheit zum minimalinvasiven DED LB/M werden aus der Geometrie der Modellkavität, den Abmaßen der zu beschichtenden Fläche, der Prozessführung und Anlagentechnik sowie der benötigten Medienzufuhr (z. B. Pulver- und Schutzgaszufuhr) abgeleitet (vgl. Abbildung 5-2).

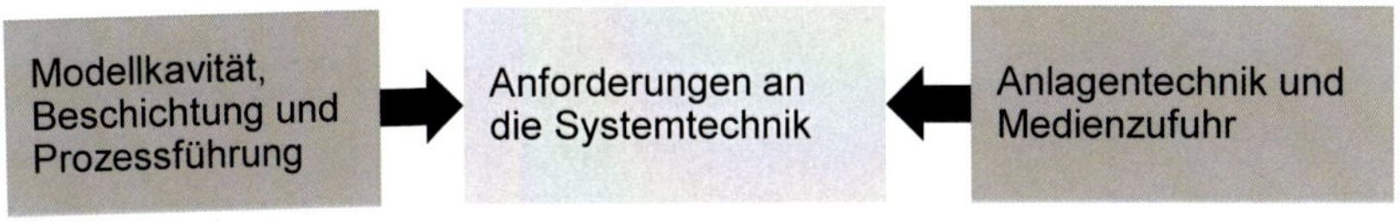

Abbildung 5-2: Einfluss der Randbedingungen und daraus resultierende Anforderungen an die Systemtechnik.

Im Folgenden werden der Einfluss der Randbedingungen und die sich daraus ergebenden Anforderungen an die Systemtechnik betrachtet. Für die Untersuchungen steht die in Kapitel 4.1 beschriebene Anlagentechnik zur Verfügung. Durch die

Bearbeitungsoptik BEO D70 ist die Brennweite des Laserstrahls mit 300 mm vorgegeben. Damit eine Beschichtung auf der dafür vorgesehenen Fläche in der Modellkavität (vgl. Abbildung 5-1 unten) aufgebracht werden kann, soll der Laserstrahl durch eine optische Komponente (z. B. Umlenkspiegel) in die Z-Richtung umgelenkt werden, um ein Schmelzbad auf der Bauteiloberfläche zu erzeugen. Zur Laserstrahlformung können drei Varianten hinsichtlich der Positionierung des Laserstrahlfokus zur optischen Komponente ‚Umlenkspiegel' identifiziert werden. Eine Positionierung des Laserstrahlfokus auf der Bauteiloberfläche kann wegen der auftretenden hohen Intensitäten bzw. eines zu kleinen Schmelzbades ausgeschlossen werden. Um den Laserstrahl in Z-Richtung auf die Bauteiloberfläche umzulenken, besteht die Möglichkeit, den Laserstrahlfokus auf der Oberfläche des Umlenkspiegels zu positionieren. Durch die bei einer Reparaturschweißung entstehenden Intensitäten im Laserstrahlfokus können auf dem Umlenkspiegel durch hohe lokale Temperaturen Beschädigungen auftreten. Eine weitere Möglichkeit der Strahlformung ist die Positionierung des Laserstrahlfokus vor dem Umlenkspiegel. Durch diese Positionierung des Laserstrahls lässt sich ein im Vergleich zur Positionierung des Laserstrahlfokus auf dem Umlenkspiegel größerer Laserstrahldurchmesser auf der Bauteiloberfläche erzeugen. Im Vergleich zur Positionierung des Laserstrahlfokus auf dem Umlenkspiegel ist bei dieser Variante die entstehende Intensität auf dem Umlenkspiegel geringer. Ebenfalls kann der Laserstrahlfokus zwischen Umlenkspiegel und Bauteiloberfläche positioniert werden. Dadurch kann auf der Umlenkspiegeloberfläche die gleiche Intensität wie auf der Bauteiloberfläche eingestellt werden, wodurch eine zu hohe Intensitätsbelastung auf der Umlenkspiegeloberfläche vermieden wird (vgl. Abbildung 5-3). Der erreichte Laserstrahldurchmesser auf der Bauteiloberfläche ist im Vergleich zu den beiden zuvor beschriebenen Varianten kleiner.

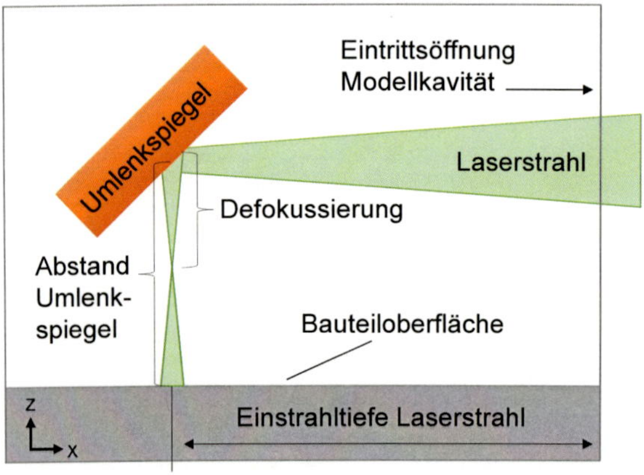

Abbildung 5-3: Umlenken des Laserstrahls aus Richtung X+ auf die Bauteiloberfläche; Laserstrahlfokus zwischen optischer Komponente und Bauteiloberfläche in Modellkavität.

Die in Kapitel 5.1 definierte Modellkavität ist aus Richtung X+ bzw. X- zugänglich. Folglich kann die DED-LB/M-Beschichtungseinheit aus Richtung X+ und X- zum Aufbringen der Beschichtung in die Modellkavität eingebracht werden. Dies bietet die

Möglichkeit, die Beschichtung in einem Prozessschritt aus Richtung X+ oder X- bzw. in zwei aufeinanderfolgenden Prozessschritten aus Richtung X+ und X- zu realisieren. Bei einer Gesamtlänge der Modellkavität von 140 mm wird eine Einstrahltiefe des Laserstrahls von >70 mm benötigt, um die Beschichtung aufzubringen. Die Einstrahltiefe des Laserstrahls (vgl. Abbildung 5-3) ist durch die Breite der Eingangsöffnung der Kavität von 10 mm sowie die Kaustik des Laserstrahls und die Möglichkeit der Strahlformung über die zur Verfügung stehende Laserstrahlblende (vgl. Kapitel 4.1) begrenzt. Da für die Bearbeitung innerhalb der Kavität zusätzlich Raum für die Positionierung der Systemtechnik benötigt wird, muss der Durchmesser des Laserstrahls bei der größten Einstrahltiefe in der Kavität an der Eintrittsöffnung einen Abstand in Y-Richtung zu den Seitenwänden aufweisen. Die Laserstrahlbreite an der Eintrittsöffnung der Kavität beträgt bei einer Einstrahltiefe von >70 mm mit der zur Verfügung stehenden Optik zur Strahlformung 11 mm. Über die Laserstrahlblende kann der Laserstrahl am Eingang der Modellkavität auf 7 mm reduziert werden, wodurch eine Verfahrbewegung der Systemtechnik in Richtung Y von 1 mm bei einer Einstrahltiefe von >70 mm ermöglicht wird. Die Pulverzufuhr beim DED-LB/M kann sowohl lateral als auch koaxial erfolgen. Der zur Verfügung stehende Bauraum innerhalb der Kavität, im Besonderen in Richtung Y, hat Auswirkungen auf die Auswahl der Pulverdüse. Eine Koaxialdüse ist aufgrund der äußeren Abmaße nicht geeignet, um einen Materialauftrag in der Modellkavität mit einer Öffnungsbreite von 10 mm zu realisieren. Das zum DED-LB/M benötigte Schutzgas kann wie der pulverförmige Zusatzwerkstoff aus verschiedenen Richtungen zugeführt werden.

Aus der Betrachtung der Randbedingungen lassen sich folgende Anforderungen an die DED-LB/M-Beschichtungseinheit zusammenfassen:

- Laserstrahlführung über Umlenkspiegel.
- Positionierung des Laserstrahlfokus zwischen Umlenkspiegel und Bauteiloberfläche.
- Einstrahltiefe des Laserstrahls >70 mm.
- Laserstrahldurchmesser am Eingang der Modellkavität ≤7 mm.
- Anbindung an Adaptereinheit (vgl. Abbildung 4-2) über einen Zylindertubus.
- Laterale Pulverzufuhr.
- Ausreichende Schutzgaszufuhr.

Aus den Anforderungen ergibt sich der in Abbildung 5-4 dargestellte konzeptionelle Laboraufbau. Die Anforderungen an die Beschichtungseinheit zum minimalinvasiven DED-LB/M sind in Tabelle 23 (Anhang 12.4) zusammengefasst.

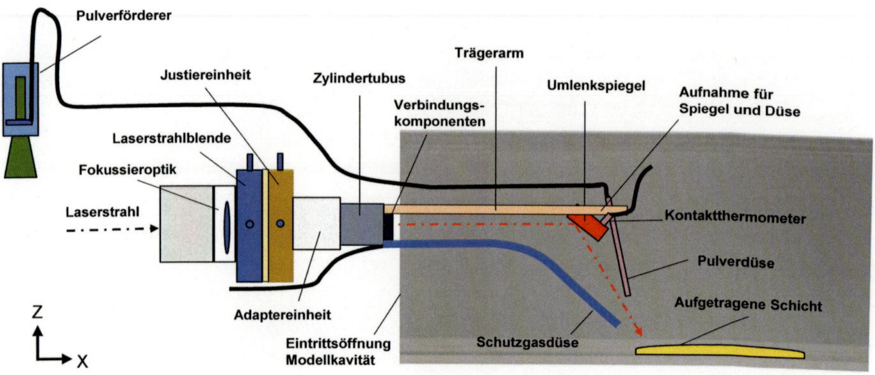

Abbildung 5-4: Konzeptzeichnung des Laboraufbaus und der Beschichtungseinheit zum minimalinvasiven DED-LB/M innerhalb der Modellkavität.

5.3 Gestaltung und Aufbau Systemtechnikprototyp 1

Um die ermittelten Anforderungen zu erfüllen, wird unter Berücksichtigung des konzeptionellen Laboraufbaus der in Abbildung 5-5 dargestellte Systemtechnikprototyp 1 aufgebaut. Der Systemtechnikprototyp besteht aus Bauteilen, die leicht zusammengebaut, modifiziert und flexibel zueinander ausgerichtet werden können. Diese Gestaltung wird gewählt, um möglichst große Freiheitsgrade in der Prozessgestaltung zu erreichen.

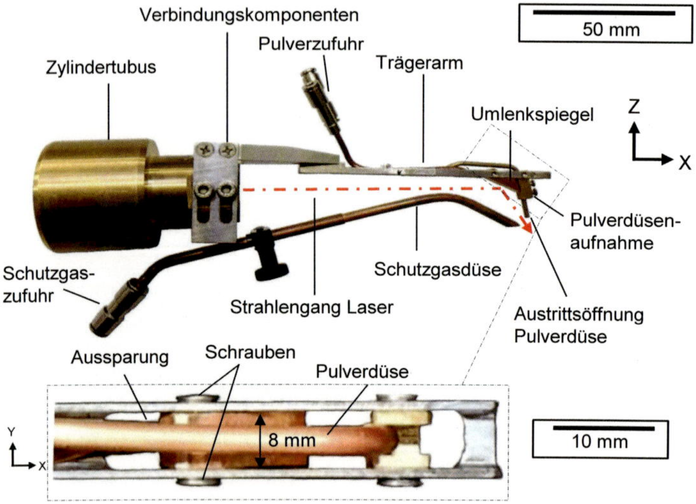

Abbildung 5-5: Oben: Systemtechnikprototyp 1 in Seitenansicht, unten: Detailansicht der Pulverdüse als Draufsicht.

Für die Positionierung des Systemtechnikprototyp in X-Richtung wird ein Zylindertubus verwendet, der mit der anlagenseitigen Adaptereinheit (vgl. Abbildung 4-2) verbunden ist. Über den Zylindertubus (vgl. Abbildung 5-5) kann die Defokussierung des Laserstrahls auf dem Umlenkspiegel und auf der Bearbeitungsoberfläche vorgenommen werden. Seitlich am Zylindertubus ist über Verbindungselemente ein Trägerarm befestigt, der aus einem U-Profil mit einer Breite von 10 mm und einer Länge von 100 mm besteht und zur Befestigung des Umlenkspiegels und der Pulverdüsenaufnahme dient.

Die Pulverdüse wird aus einem Messingrohr hergestellt und ist 150 mm lang. Das Messingrohr wird im U-Profil über den Umlenkspiegel durch eine Pulverdüsenaufnahme bis 10 mm vor den Bearbeitungsort geführt (vgl. Abbildung 5-5). Das Messingrohr hat einen Außendurchmesser von 4 mm sowie einen Innendurchmesser von 2 mm und ist bis 10 mm vor der Austrittsöffnung innenpoliert.

Zur Verminderung von Oxidationen beim Beschichten ist eine Schutzgasdüse vorgesehen. Ihr Abstand zum Schmelzbad kann in X-Richtung um ± 10 mm variiert werden, um eine ausreichende Schutzgasabschirmung des Schmelzbads vor dem Sauerstoff in der Umgebungsatmosphäre zu erreichen.

Der Umlenkspiegel wird durch Schrauben im U-Profil befestigt (vgl. Abbildung 5-5 unten). Zu diesem Zweck wird das U-Profil zwischen den Profilwänden an dieser Stelle ausgespart (vgl. Abbildung 5-5 unten). Dadurch kann der Umlenkspiegel für die Untersuchungen nach dem Lösen der Schrauben um die Y-Achse rotiert werden. Die Breite des Umlenkspiegels beträgt 8 mm. Der Umlenkspiegel des Systemtechnikprototyp 1 ist nicht gekühlt und bei einer Laserleistung von 400 W für eine Prozesszeit von 9 s ausgelegt (siehe Berechnung Anhang 12.6).

5.4 Funktionstests Systemtechnikprototyp 1

Nach der Einrichtung des Laboraufbaus analog der Konzeptzeichnung in Abbildung 5-4 wird der Systemtechnikprototyp 1 in Laborversuchen auf Funktionalität geprüft:

1) Ermittlung der Temperaturbelastung des Umlenkspiegels
2) Beschichtungsversuch an Flachprobe
3) Zugänglichkeitstest mit der für Laborversuche zur Verfügung stehenden Modellkavität

Die Versuche zur Ermittlung der Temperaturbelastung des Umlenkspiegels erfolgen ohne Pulver. Hierzu werden Umschmelzversuche auf Flachproben mit einer Laserleistung von 400 W über einen Zeitraum von 9 s durchgeführt, was der zu erwartenden Laserleistung für das Beschichten bei einer Prozessgeschwindigkeit von 500 mm/min [Kel06] entspricht. Aus der Beschichtungslänge von 75 mm ergibt sich somit eine Bearbeitungszeit von 9 s. Parallel zur Belichtung wird mit einem Kontaktthermometer ‚Fluke 52‘ (Fluke Deutschland GmbH, Glottertal, Deutschland) die Temperatur des Spiegels gemessen (vgl. Abbildung 5-4). Bei diesem Test kann eine Temperaturerhöhung am Spiegel (vgl. Abbildung 5-4) um ca. 80 °C auf 100 °C gemessen werden, was einer Absorption von ca. 2 % der eingestrahlten Laserleistung entspricht (gegenüber dem für die Berechnung angesetzten Wert von 1 %, vgl. Anhang 12.6). Auf der

Spiegeloberfläche können bei einer Temperatur von 100 °C bereits Anlauffarben durch die Reaktionen mit der Umgebungsatmosphäre beobachtet werden. Für die folgenden Untersuchungen zum Beschichten mit dem Systemtechnikprototyp 1 wird daher die Prozesszeit von 9 auf 6 s verkürzt, um so die Temperaturbelastung des Spiegels zu reduzieren. In einem Folgeversuch wird dabei eine Temperaturerhöhung um 63 °C auf 83 °C gemessen. Bei dieser Temperaturerhöhung werden noch keine Anlauffarben am Umlenkspiegel festgestellt. Die Verkürzung der Prozesszeit entspricht bei einer Prozessgeschwindigkeit von 500 mm/min einer Beschichtungslänge von 50 mm. Für die folgenden Untersuchungen zum minimalinvasiven DED-LB/M mit dem Systemtechnikprototyp 1 beträgt daher die maximale Beschichtungslänge 50 mm. Zwischen den einzelnen Beschichtungsspuren werden zusätzlich Haltezeiten von je 5 min für die Spiegelkühlung berücksichtigt, um eine Spiegeltemperatur von ≤ 30 °C sicherzustellen.

Im zweiten Schritt wird mit dem Systemtechnikprototyp 1 ein Beschichtungsversuch auf einer Flachprobe durchgeführt (Abbildung 5-6). Die aufgetragene Beschichtung soll eine schmelzmetallurgische Verbindung mit dem Grundwerkstoff eingehen. Die Bearbeitung erfolgt schleppend.

Für den Versuch werden folgende Verfahrensparameter verwendet:

- Laserleistung: P_L = 400 W
- Pulvermassenstrom: $\dot{m}_p$ = 3,5 g/min
- Prozessgeschwindigkeit: V_P = 500mm/min
- Schutzgasvolumenstrom: $\dot{V}_{SG}$ = 5 l/min
- Fördergasvolumenstrom: $\dot{V}_{FG}$ = 2,5 l/min
- Spurversatz: f = 0,7 mm
- Spurlänge: S_L = 50 mm
- Haltezeit zwischen einzelnen Spuren: S_{Hal} = 5 min
- Defokussierung: D_F = 15 mm
- Laserstrahldurchmesser auf Bauteiloberfläche: D_B = 1,5 mm
- Abstand des Umlenkspiegels zur Bauteiloberfläche: A_U = 30 mm

Die Flachprobe für den Beschichtungsversuch weist eine Materialdicke von 1 mm auf. Der Umlenkspiegel wird zum Einstrahlwinkel der Laserstrahlung verkippt. Hierdurch soll vermieden werden, dass die vom Schmelzbad reflektierte Laserstrahlung auf den Umlenkspiegel trifft (vgl. Abbildung 5-6). Im Versuch kann beobachtet werden, dass es während des Beschichtungsprozesses zu Reflexionen der Pulverpartikel in Richtung des Umlenkspiegels kommt. Treffen reflektierte Pulverpartikel auf den Umlenkspiegel, kann dieser beschädigt werden. Im Versuch wird festgestellt, dass bei einer Verkippung des Umlenkspiegels um 58° zum Einstrahlwinkel die vom Schmelzbad reflektierte Laserstrahlung nicht auf den Umlenkspiegel trifft und die Laserstrahlführung hin zum Bearbeitungsort gegeben ist. Eine schmelzmetallurgische Verbindung von Schicht und Grundwerkstoff kann mit den in Kapitel 5.4 verwendeten

Verfahrensparametern erreicht werden. Die Spurhöhe der Einzelspuren beträgt ca. 0,7–0,8 mm. Die Spurbreite je Einzelspur beträgt ca. 1,4 mm.

Abbildung 5-6: Versuch an Flachprobe; reflektierter Pulverpartikel auf Umlenkspiegel (rot umrandet).

Drittens wird der Systemtechnikprototyp 1 in Verbindung mit der für Laborversuche zur Verfügung stehenden Modellkavität (vgl. Anhang 12.5) hinsichtlich der Zugänglichkeit untersucht. Dabei werden die maximale Einstrahltiefe in die Kavität sowie die Strecken in X-, Y- und Z-Richtung ermittelt, die der Systemtechnikprototyp 1 innerhalb der Kavität bewegt werden kann. Zur Vermessung von Abständen in der Kavität wird der Systemtechnikprototyp 1 als Kontaktsensor genutzt. Dadurch ist es möglich, neben der optischen Erfassung des Innenraums eine Konturvermessung durchzuführen. Im Gegensatz zur genutzten Modellkavität (vgl. Anhang 12.5) sind Kavitäten innerhalb realer Bauteile nicht von oben zugänglich. In Abbildung 5-7 ist die Draufsicht auf die Modellkavität mit dem Systemtechnikprototyp 1 und der maximalen Einstrahltiefe dargestellt. Mit diesem Aufbau wird ebenfalls die in Abbildung 5-9 entworfene Bearbeitungsstrategie (vgl. Kapitel 5.5) zum Beschichten abgeprüft.

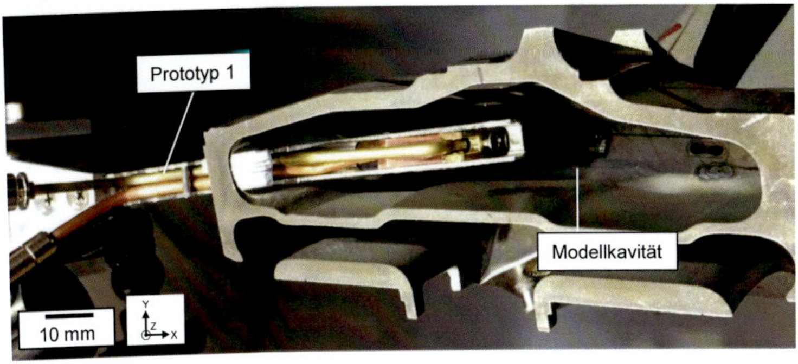

Abbildung 5-7: Fotografische Aufnahme der für die Untersuchungen genutzten Modellkavität auf dem Bearbeitungstisch der Gantry-Anlage mit eingetauchtem Systemtechnikprototyp 1 zwecks Zugänglichkeitsbetrachtung.

Die maximale Einstrahltiefe des Systemtechnikprototyp 1 kann mit 78 mm ermittelt werden. Damit wird die geforderte Einstrahltiefe von >70 mm erfüllt. Die Zugänglichkeitstests zeigen, dass in Richtung Z+ ein Abstand von 15 mm ermittelt wird, wobei der Abstand des Umlenkspiegels zur Bauteiloberfläche mit 30 mm gegeben ist. In Y-Richtung besteht zwischen dem Systemtechnikprototyp 1 und den Wandungen jeweils ein Abstand von 1 mm (vgl. Abbildung 5-8).

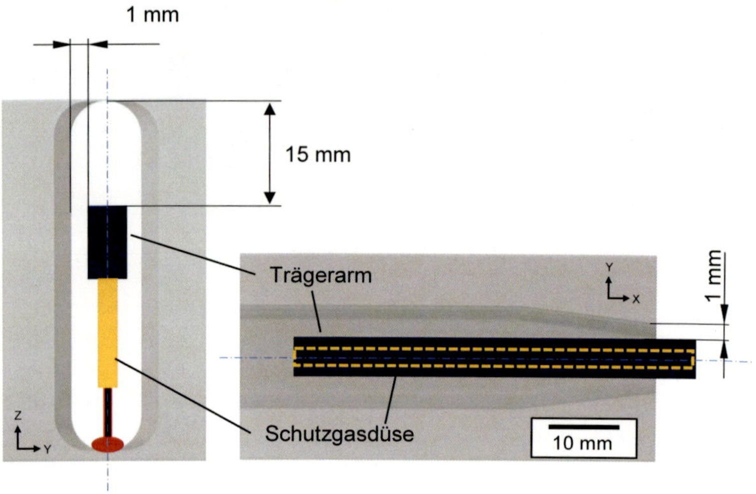

Abbildung 5-8: Darstellung der ermittelten Abstände des Systemtechnikprototyp 1 zur Modellkavität als Ergebnis der Zugänglichkeitsbetrachtung.

5.5 Bearbeitungsstrategie innerhalb der Modellkavität

In Abbildung 5-9 ist die Bearbeitungsstrategie zur Realisierung einer mindestens 9 mm breiten Beschichtung innerhalb der Modellkavität dargestellt, deren Herleitung im Folgenden beschrieben wird.

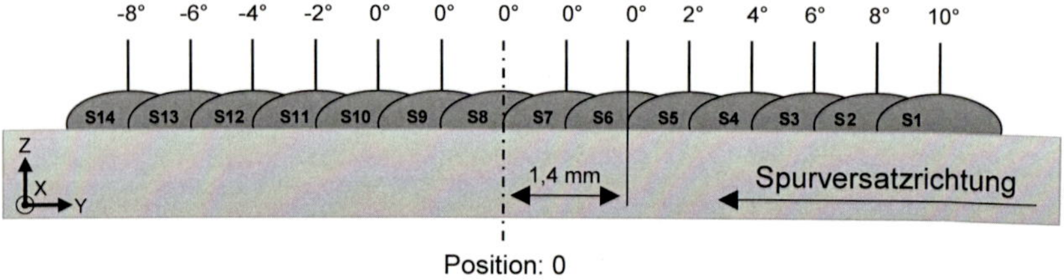

Abbildung 5-9: Schematische Darstellung der Einzelspuren (S1–S14) mit einem Spurversatz von je 0,7 mm und Winkelangabe für Verkippung des Systemtechnikprototyp 1. Die Schweißrichtung entspricht der Richtung X+.

Als Ergebnis der Funktionstests wird eine Spurbreite von ca. 1,4 mm bei einer Spurhöhe von ca. 0,7–0,8 mm ermittelt. Bei einer 50-prozentigen Überlappung der

Beschichtungsspuren ergibt sich ein Spurversatz zur nächsten Spur von 0,7 mm. Um eine 9,8 mm breite Beschichtung zu erreichen, sind damit 14 überlappende Beschichtungsspuren nötig. Daraus ergibt sich folgende Strategie für Beschichtungsversuche: Position 0 beschreibt die Ausgangstellung für den Beschichtungsprozess (vgl. Abbildung 5-8). Zum Erreichen der ersten Beschichtungsspur (S1) wird der Systemtechnikprototyp um 1,4 mm in Richtung Y+ verfahren und anschließend eine Rotation von -10° um die X-Achse (vgl. Abbildung 5-10) vorgenommen. Für den Auftrag der zweiten Beschichtungspur (S2) ist die Rotation von -10° auf -8° zu reduzieren. Eine Rotation um 2° entspricht dem Spurversatz von 0,7 mm. Für die Beschichtungsspuren S3, S4, S5 und S6 wird der Startpunkt über eine Reduktion der Rotation um je 2° realisiert. Die Ausgangsposition für die Spuren S7 bis S10 wird durch je eine inkrementale Verfahrbewegung von 0,7 mm in Richtung Y- erreicht. Der Startpunkt für die Spuren S11 bis S14 wird durch eine Rotation um je 2° erreicht.

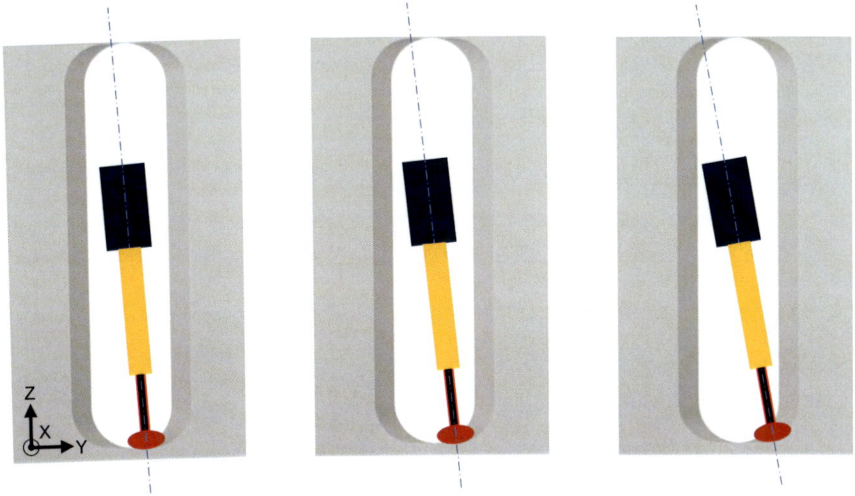

Abbildung 5-10: Exemplarische Darstellung der Rotation des Systemtechnikprototyp 1 um die X-Achse (links: -4°, Mitte: -6° und rechts: -10°), die Schweißrichtung entspricht der Richtung X+.

5.6 Untersuchungen zum Einfluss umherfliegender Pulverpartikel

In den durchgeführten Versuchen zeigt sich, dass es während des Beschichtungsprozesses zu Reflexionen der Pulverpartikel in Richtung des Umlenkspiegels kommt (vgl. Abbildung 5-6). In Abbildung 5-11 links ist zu sehen, wie ein vermutlich aufgeschmolzener Pulverpartikel den Umlenkspiegel trifft und beschädigt.

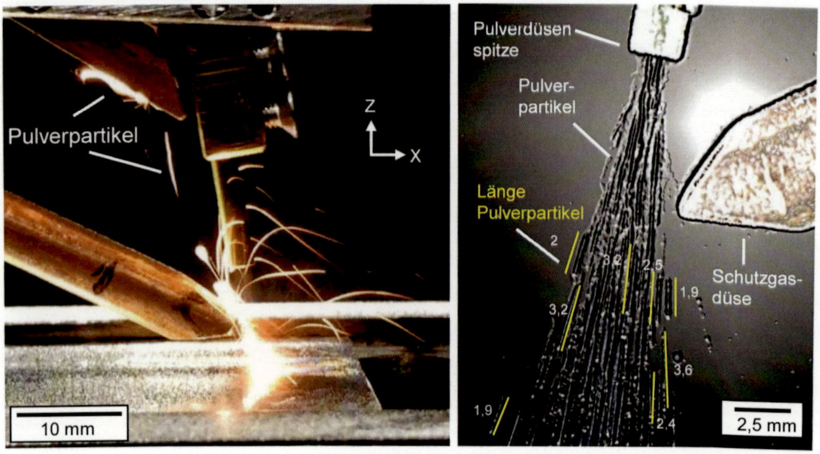

Abbildung 5-11: Fotografische Aufnahme von umherfliegenden aufgeschmolzenen Pulverpartikeln, durch die der Spiegel beschädigt wird; rechts: Aufnahme der Pulverpartikelgasströmung; Fördergasstrom am Pulverdüsenaustritt = 2,5 l/min; Schutzgasvolumenstrom = 5 l/min.

Dies ist auf die Geschwindigkeit der Pulverpartikel zurückzuführen, die auf die Bearbeitungsoberfläche treffen, reflektiert werden und anschließend den Spiegel treffen und beschädigen. Abbildung 5-11 zeigt eine fotografische Aufnahme der Pulverpartikelgasströmung bei einem Fördergasstrom von 2,5 l/min. Die Pulverpartikelgeschwindigkeit errechnet sich aus dem Quotienten der grafisch ermittelten Strecken der Pulverpartikel (Abbildung 5-11) und der verwendeten Belichtungszeit (1/2000 s) zur Anfertigung der Aufnahme. Unter Nutzung der fotografischen Aufnahme können Pulverpartikelgeschwindigkeiten von ca. 3,7 bis 7,2 m/s ermittelt werden.

Um die Beschädigung des Umlenkspiegels durch Pulverpartikel zu vermeiden, werden zwei Veränderungen am Aufbau vorgenommen. Erstens soll die Pulverpartikelgeschwindigkeit durch Reduzierung des Fördergasstroms gesenkt werden. Dafür wird vor der Pulverdüse ein Fördergasstromreduzierer vorgeschaltet, der eine kontinuierliche Reduzierung des Fördergasstroms erlaubt. Dabei muss sichergestellt werden, dass der Fördergasstrom nur so weit reduziert wird, dass sich auf dem Weg zum Düsenausgang kein Pulver in der Zuleitung ablagert. Durch diese Schritte kann der Fördergasstrom am Pulverdüsenaustritt von 2,5 l/min auf 0,8 l/min gesenkt werden.

Zweitens wird vor dem Umlenkspiegel eine Spülgasdüse angebracht. Diese leitet einen Schutzgasstrom über den Umlenkspiegel und soll somit den Spiegel vor umherfliegenden Pulverpartikeln schützen. Um die Wirksamkeit der Spülgasdüse zu untersuchen, wird ein Beschichtungsversuch auf einer Flachprobe mit einem Spülgasvolumenstrom von 1,0 l/min durchgeführt (vgl. Abbildung 5-12 links). In Abbildung 5-12 links ist zu beobachten, dass keine Pulverpartikel die Spiegeloberfläche erreichen. In Abbildung 5-12 rechts ist eine Aufnahme des Pulvergasstroms zu sehen, die nach dem Einbau des Fördergasstromreduzierers und der Spülgasdüse angefertigt wurde. Durch das Vorschalten des Fördergasstromreduzierers kann die Geschwindigkeit der Pulverpartikel reduziert werden. Die Pulverpartikelgeschwindigkeit errechnet sich aus dem Quotienten der grafisch ermittelten Strecken der Pulverpartikel (Abbildung 5-12 rechts) und der verwendeten Belichtungszeit (1/1000 s) zur Anfertigung der Aufnahme. Über die fotografische Aufnahme können Pulverpartikelgeschwindigkeiten von ca. 1,5 bis 2,2 m/s ermittelt werden.

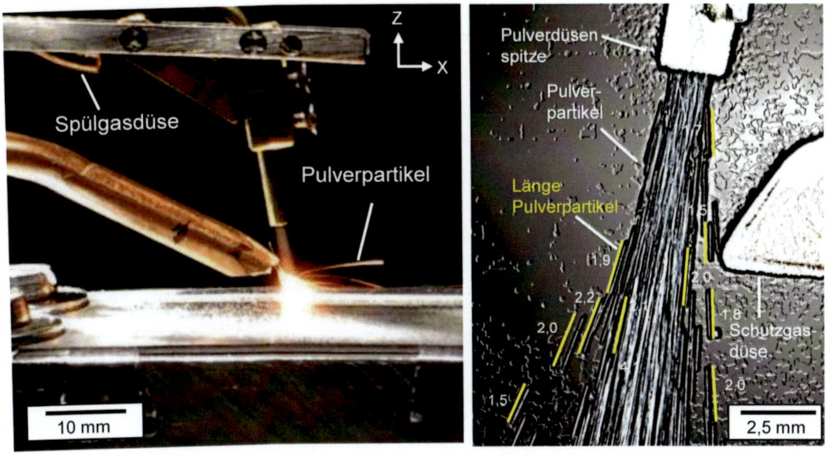

Abbildung 5-12: Links: Fotografische Aufnahme im Beschichtungsprozess mit Fördergasstromreduzierer; Spülgasvolumenstrom = 1,0 l/min; Schutzgasvolumenstrom = 5 l/min; rechts: Aufnahme des Pulvergasstroms mit Fördergasstromreduzierer; Fördergasstrom am Pulverdüsenaustritt = 0,8 l/min; Schutzgasvolumenstrom = 5 l/min.

Die Reduzierung des Fördergasstroms am Pulverdüsenaustritt von 2,5 l/min auf 0,8 l/min bringt Herausforderungen hinsichtlich der Prozessführung mit sich. Einerseits muss der Pulvergasstrom aufgrund der Umlenkspiegelproblematik reduziert werden, andererseits soll kein Pulver vor dem Einschalten des Laserstrahls in die Prozesszone gelangen, um Pulverablagerungen zu vermeiden. Wird der Pulvergasstrahl der Prozesszone jedoch zu spät zugeführt, kann es durch die Intensität der Laserstrahlung am Bearbeitungsort (bei dünnen Materialstärken des Grundwerkstoffes) zum Durchschmelzen kommen (vgl. Kapitel 5.2). Dies bedeutet, dass das Pulver beim Einschalten des Laserstrahls vor der Ausbildung des Schmelzbades auf dem zu beschichtenden Grundmaterial in den Prozess eingebracht werden muss. Dazu wird ein Pulverschalter zwischen Fördergasstromreduzierer und Pulverdüse verbaut. Mit dem Pulverschalter ist es möglich, den Pulvergasstrahl durch Schalten innerhalb von 50 ms dem Schmelzbad zuzuführen [Hds23]. Im Laboraufbau ist der Pulverschalter 500 mm von der Düsenspitze entfernt. Daraus ergibt sich bei einer Partikelgeschwindigkeit von 2 m/s und der Verzögerung durch das Betätigen des Pulverschalters von 50 ms eine Zeit von 300 ms, die der Pulverschalter vor dem Einschalten des Laserstrahls geschaltet werden muss. Die Ansteuerung des Pulverschalters erfolgt über die CNC-Steuerung der Gantry-Anlage.

5.7 Bearbeitungsstrategien für dünnwandiges Grundmaterial

Der Fokus dieser Verfahrensentwicklung liegt auf der Erarbeitung einer Bearbeitungsstrategie für dünnwandiges Grundmaterial. Erstens gilt es, Verfahrensparameter zu identifizieren, die eine Beschichtung einer 0,5 mm dicken Flachprobe ermöglichen, ohne dass es zu einem Durchschmelzen kommt. Für diese Arbeit wird Durchschmelzen als eine Formänderung infolge des DED-LB/M-Materialauftrages an der Flachprobenunterseite definiert. Zweitens soll bei einer mehrlagigen Beschichtung eine schmelzmetallurgische Verbindung der aufgebauten Schichten untereinander sichergestellt werden. Um den experimentellen Aufwand in den Voruntersuchungen zum minimalinvasiven DED-LB/M möglichst gering zu halten, wird ein Prozessfenster mittels Simulationsrechnung identifiziert (vgl. Anhang 12.7). Die Untersuchungen werden mit dem in Kapitel 5.4 beschriebenen Laboraufbau durchgeführt. Die Zuordnung von Laserleistung und Blechdicke für die insgesamt vier Proben (vgl. Anhang 12.8) ist in Tabelle 3 dargestellt. Für die Versuche wird eine Laserleistung von 320–400 W sowie ein Fördergasvolumenstrom von 0,8 l/min verwendet. Alle übrigen Verfahrensparameter entsprechen jenen für die Funktionstests des Systemtechnikprototyp 1 (vgl. Kapitel 5.4).

In Tabelle 3 ist der Verfahrensparameter ‚Laserleistung' in Abhängigkeit der Blechdicke für die vier Proben dargestellt.

Tabelle 3: Verfahrensparameter ‚Laserleistung' in Abhängigkeit der Blechdicke.

Probe Nr.	Blechdicke [mm]	Laserleistung [W]
V1	0,5	320
V2	1	320
V3	0,5	400
V4	1	400

Für die in Tabelle 3 beschriebenen Verfahrensparameter werden die Proben V1–V4 analysiert. In allen Proben ist die gemessene Mikro-Porosität (> 1 µm Durchmesser) gering und liegt zwischen 0,02 % für V1 und 0,07 % für V4.

Zusätzlich werden an lichtmikroskopischen Übersichtsaufnahmen Gefügeanalysen durchgeführt. Die Aufnahmen bestehen aus Übersichtsbildern im geätzten Materialzustand bei 50-facher Vergrößerung. Tabelle 6 zeigt die lichtmikroskopischen Übersichtsaufnahmen geätzter Querschliffe. Die lichtmikroskopisch untersuchten Gefüge weisen keine Risse und Anbindungsfehler auf und zeigen die im DED-LB/M-Material zu erwartende, kolumnare dendritische Erstarrung (vgl. Abbildung 2-3). Für Probe V3 kann ein Durchschmelzen als Formänderung infolge des DED-LB/M-Materialauftrages an der Flachprobenunterseite beobachtet werden (vgl. Tabelle 4 und Tabelle 6). Bei allen untersuchten Proben (vgl. Tabelle 4 und Tabelle 6) kann ein Verzug des Grundmaterials infolge des Wärmeeintrags durch den DED-LB/M-Prozess festgestellt werden. Die Verfahrensentwicklung zeigt, dass eine geeignete Laserleistung zur

Bearbeitung von dünnwandigen Strukturen ermittelt wird. Zum einen lässt sich mit einer Laserleistung von 320 W eine Beschichtung mit schmelzmetallurgischer Verbindung zum Grundwerkstoff auf einer 1 mm starken Flachprobe (V2) aufbauen und zum anderen ist die Beschichtung auf einer 0,5 mm starken Flachprobe (V1) möglich, ohne dass es zu einem Durchschmelzen kommt.

Tabelle 4: Lichtmikroskopische Übersichtsaufnahmen der Flachproben V1, V2, V3 und V4 für Porositätsanalysen; Querschliffe ‚Orientierung B‘; durchgeschmolzener Bereich in Probe V3 rot markiert; Bereich für Porositätsanalyse weiß markiert.

<table>
<tr><th>Proben-Kennzeichnung</th><th>Verwendete Schliffbilder</th><th>Gemessene Porosität (%)
Mittlere Porengröße (Durchmesser [µm])
Anzahl Poren</th></tr>
<tr><td>V1</td><td>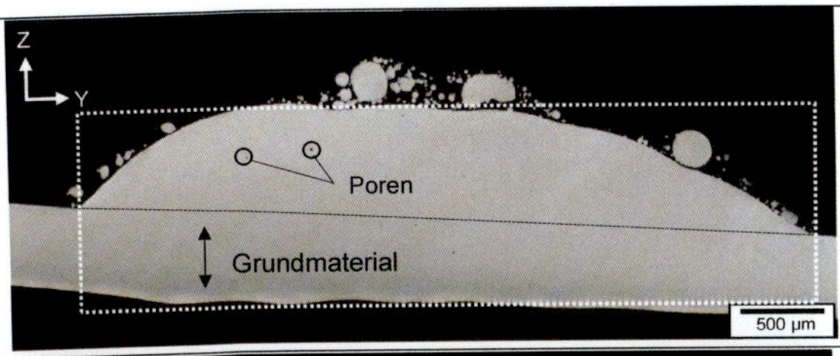
</td><td>0,02
4,7
46</td></tr>
<tr><td>V2</td><td>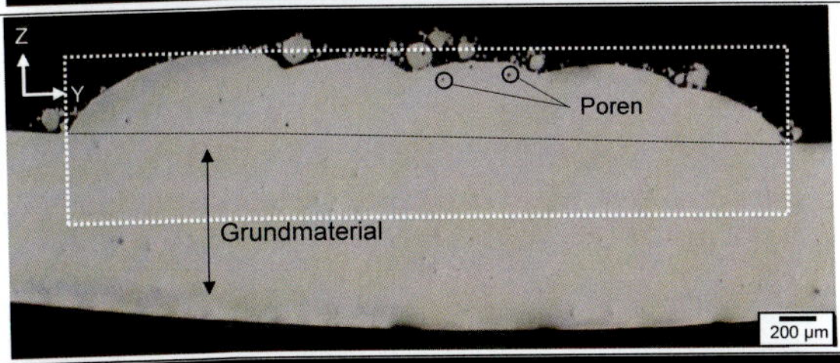
</td><td>0,04
5,1
76</td></tr>
<tr><td>V3</td><td>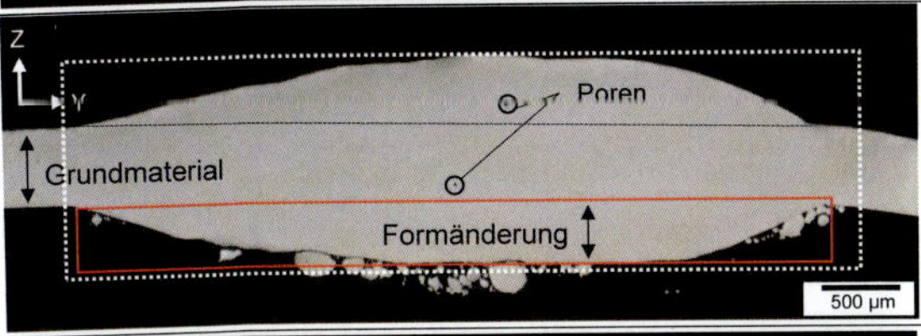
</td><td>0,03
5,3
38</td></tr>
<tr><td>V4</td><td>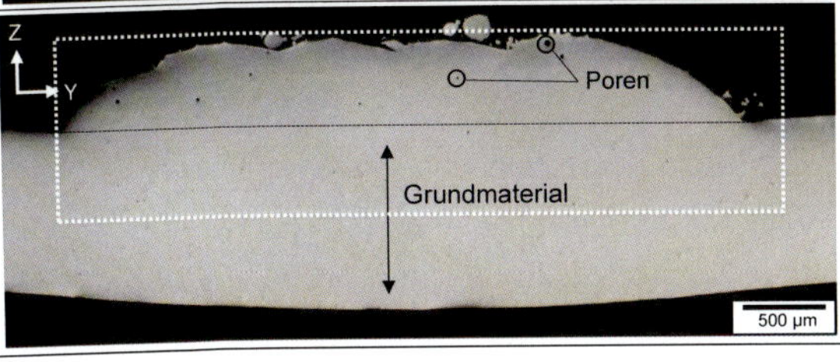
</td><td>0,07
4,7
46</td></tr>
</table>

Tabelle 5: Lichtmikroskopische Übersichtsaufnahmen der Flachproben V1, V2, V3 und V4; durchgeschmolzener Bereich in Probe V3 rot markiert.

Proben-kenn-zeich-nung	**Lichtmikroskopische Aufnahme**
V1	
V2	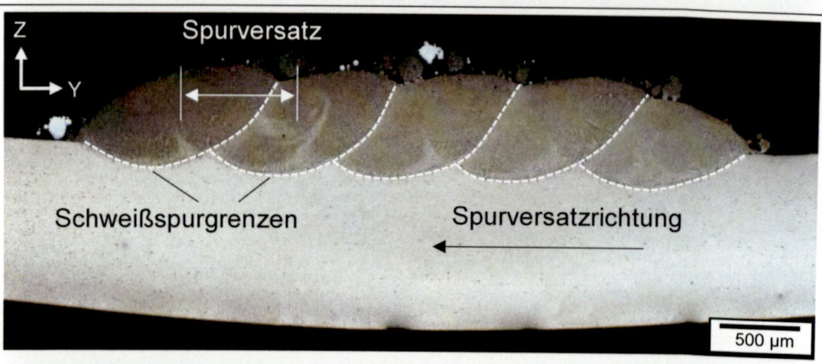
V3	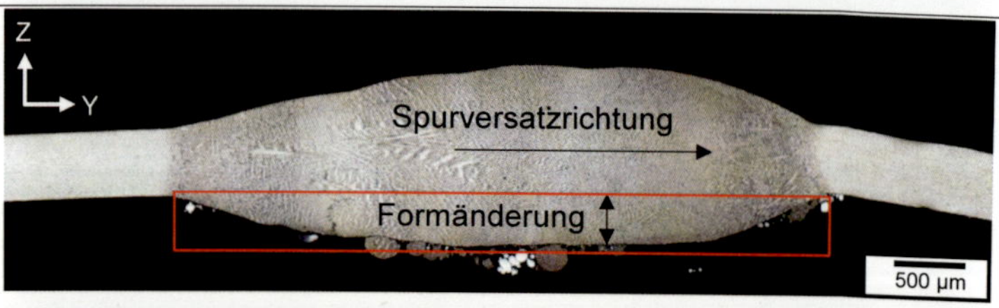
V4	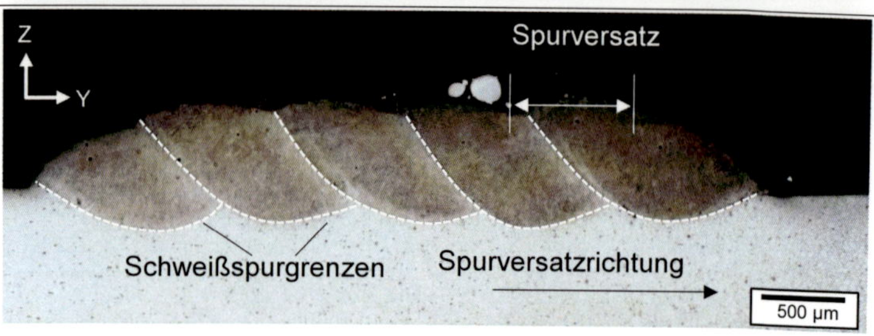

Die durchgeführten Härtemessungen mit sieben Messpunkten ergeben, dass im DED-LB/M-Material der Flachprobe V1 eine gemittelte Härte von 259 ± 7,5 HV erreicht wird. Die Flachprobe V2 weist im DED-LB/M-Material bei sieben Messpunkten eine gemittelte Härte von 264 ± 7 HV auf. Der Mittelwert aus [Hos19] für die gemessenen Härten von nicht wärmebehandeltem Alloy 718 (DED-LB/M) beträgt ~ 250 HV bei einer Standardabweichung von ~ ± 30 HV [Hos19]. Die gemittelte Härte der Ergebnisse der durchgeführten Härtemessungen von 259 HV bzw. 264 HV liegen um 9 HV bzw. 14 HV über dem in [Hos19] beschriebenen Mittelwert (DED-LB/M) von 250 HV, jedoch innerhalb der Standardabweichung von ~250 ± 30 HV.

5.8 Zwischenfazit

In den Voruntersuchungen zum minimalinvasiven DED-LB/M werden die für die Untersuchungen relevante Modellkavität und Beschichtung definiert. Die Anforderungen an die Beschichtungseinheit zum minimalinvasiven DED-LB/M werden aus der Geometrie der Modellkavität, den Abmaßen der zu beschichtenden Fläche, der Prozessführung und Anlagentechnik sowie der benötigten Medienzufuhr (z. B. Pulver- und Schutzgaszufuhr) abgeleitet. Basierend auf den Anforderungen wird ein konzeptioneller Laboraufbau erstellt sowie der Systemtechnikprototyp 1 aufgebaut und Funktionstests unterzogen. Der Systemtechnikprototyp besteht aus Bauteilen, die leicht zusammengebaut, modifiziert und flexibel zueinander ausgerichtet werden können. Diese Gestaltung wird gewählt, um möglichst große Freiheitsgrade in der Prozessgestaltung für die Voruntersuchungen zu erreichen.

In den Funktionstests zeigt sich, dass der Absorptionsgrad des Umlenkspiegels bei der eingehenden Berechnung zu gering angenommen wird und bei einer Prozesszeit von 9 s eine Temperaturerhöhung um 80 °C auf 100 °C auftritt. Auf der Spiegeloberfläche können bei einer Temperatur von 100 °C bereits Anlauffarben durch die Reaktionen mit der Umgebungsatmosphäre beobachtet werden. Für die folgenden Untersuchungen zum Beschichten mit dem Systemtechnikprototyp 1 wird daher die Prozesszeit von 9 auf 6 s verkürzt, um so die Temperaturbelastung des Spiegels zu reduzieren. Die Verkürzung der Prozesszeit entspricht bei einer Prozessgeschwindigkeit von 500 mm/min einer Beschichtungslänge von 50 mm. Die maximale Temperatur des Umlenkspiegels beträgt 83 °C. In einem Beschichtungsversuch kann eine schmelzmetallurgische Verbindung von Schicht und Grundwerkstoff (Materialdicke = 1 mm) erreicht werden. Ebenfalls können mit dem Systemtechnikprototyp 1 eine Einstrahltiefe von 75 mm und eine Beschichtungsbreite von 9 mm realisiert werden. Durch die kompakte Bauweise lässt sich ebenfalls eine Modellkavität mit einer im Vergleich zur für die Untersuchungen definierten Modellkavität um etwa 15 mm reduzierten Höhe bearbeiten.

Die Untersuchungen zum Einfluss umherfliegender Pulverpartikel ergeben, dass es während des Beschichtungsprozesses zu Reflexionen von Pulverpartikeln in Richtung des Umlenkspiegels kommt und der Spiegel dabei so stark beschädigt werden kann, dass ein weiteres Beschichten nicht möglich ist. Durch das Vorschalten eines Fördergasstromreduzierers kann der Fördergasstrom auf 0,8 l/min und damit die

Geschwindigkeit der Pulverpartikel auf ca. 1,5 bis 2,2 m/s reduziert werden. Durch die Geschwindigkeitsreduzierung wird die Reflexion von Pulverpartikeln in Richtung des Umlenkspiegels reduziert. Ebenfalls wird für die Versuche eine Spülgasdüse für den Umlenkspiegel verwendet. Die Spülgasdüse leitet einen Spülgasvolumenstrom über die Umlenkspiegeloberfläche und verhindert das Auftreffen reflektierter Pulverpartikel.

Die Untersuchung von Bearbeitungsstrategien für dünnwandiges Grundmaterial zeigt, dass eine geeignete Laserleistung zur Bearbeitung dünnwandiger Strukturen ermittelt wird. Zum einen lässt sich mit einer Laserleistung von 320 W eine Beschichtung mit schmelzmetallurgischer Verbindung zum Grundwerkstoff auf einer 1 mm starken Flachprobe aufbauen und zum anderen ist die Beschichtung auf einer 0,5 mm starken Flachprobe möglich, ohne dass es zu einem Durchschmelzen kommt.

In den untersuchten Proben ist die gemessene Mikro-Porosität (> 1 µm Durchmesser) gering und liegt zwischen 0,02 % und 0,07 %. Die lichtmikroskopisch untersuchten Gefüge weisen keine Risse und Anbindungsfehler auf und zeigen die im DED-LB/M-Material zu erwartende, kolumnare dendritische Erstarrung. Die gemittelte Härte im DED-LB/M-Material liegt zwischen 259 und 264 HV.

Für die weiterführenden Untersuchungen zum minimalinvasiven DED-LB/M soll auf Basis der erlangten Erkenntnisse der Aufbau eines für den industriellen Einsatz geeigneten Systemtechnikprototyp, der nur die für den Prozess erforderlichen Freiheitsgrade aufweist, erfolgen. Die folgenden Anforderungen lassen sich aus den Voruntersuchungen ableiten:

- Fixierung des Umlenkspiegels auf 58°.
- Kühlung für den Umlenkspiegel.
- Spülgaszufuhr für den Umlenkspiegel.
- Schutzgas für den Beschichtungsprozess und Spülgas für den Umlenkspiegel müssen unabhängig voneinander regelbar sein.

Die Anforderungen an die Beschichtungseinheit für die weiterführenden Untersuchungen zum minimalinvasiven DED-LB/M sind in Tabelle 24 (Anhang 12.11) zusammengefasst.

6 Weiterführende Untersuchungen zum minimalinvasiven Laserauftragschweißen

6.1 Anpassung der Systemtechnik

Im Folgenden werden Vorbetrachtungen für die Gestaltung einer für den industriellen Einsatz geeigneten DED-LB/M-Beschichtungseinheit zum minimalinvasiven DED-LB/M, basierend auf den Erkenntnissen der Voruntersuchungen (vgl. Kapitel 5), angestellt. Der eingeschränkte Bewegungsspielraum des Systemtechnikprototyp 1 innerhalb der Modellkavität wird bei der für den Schichtauftrag notwendigen Rotation des Systemtechnikprototyp 1 (vgl. Abbildung 5-10) deutlich. Aufgrund des begrenzten Bewegungsspielraums und der benötigten Integration von Kühlung, Schutzgas- und Pulverzufuhr (vgl. Kapitel 5.8) bietet eine Integralbauweise für Komponenten des Systemtechnikprototyp 2 Vorteile. Die Verwendung des Fertigungsverfahrens ‚Powder Bed Fusion' mit Laserstrahlung von Metallen (PBF-LB/M) ermöglicht die Herstellung komplexer Geometrien mit innenliegenden Strukturen und Freiformflächen [Geb13, S. 13, S. 76, S. 187]. Über einen mittels PBF-LB/M gefertigten Trägerarm lassen sich z. B. eine Spiegelkühlung und die Kühlmedienzufuhr über innenliegende Strukturen realisieren, um den Bewegungsspielraum des Systemtechnikprototyp 2 in der Modellkavität nicht durch äußere Anbauteile weiter einzuschränken. Ebenfalls ist die Integration der Schutzgas-, Pulver- und Spülgaszufuhr für den Umlenkspiegel durch innenliegende Strukturen möglich. Die Funktionstests (vgl. Kapitel 5.4) zeigen, dass die Integration einer Spiegelkühlung notwendig ist. Zur Auslegung der Spiegelkühlung sind die absorbierte Wärmeenergie und schließlich die Erwärmung des Spiegels zu berechnen (vgl. Anhang 12.9). Die Berechnung des Temperaturverlaufs bei einer direkten Wasserkühlung ergibt eine maximale Temperatur des Umlenkspiegels von 67 °C nach einer Zeit von 9 s. Um die exakte Positionierung von Umlenkspiegel, Pulverdüse und Schutzgasdüse für die Gestaltung des Systemtechnikprototyp 2 zu ermitteln, wird der Systemtechnikprototyp 1 mithilfe eines 3-D-Scanners ‚GOM' (Carl Zeiss GOM Metrology GmbH, Braunschweig, Deutschland) eingescannt und in ein CAD-Modell überführt (Abbildung 12-11). Vor allem der Winkel und die Positionierung des Spiegels sowie die dazu ausgerichteten Düsen können mit dem Scan dargestellt und vermessen werden. Aus den Anforderungen der Vorbetrachtungen wird eine Spezifikation (vgl. Tabelle 24; Anhang 12.11) zum Aufbau einer industrietauglichen Beschichtungseinheit zum minimalinvasiven DED-LB/M unter Berücksichtigung der verfügbaren Anlagentechnik erstellt.

6.2 Gestaltung und Aufbau Systemtechnikprototyp 2

Der Prototyp 2 (Abbildung 6-1) ist aus drei mittels PBF-LB/M gefertigten Komponenten aufgebaut. Diese sind die Basis, der Trägerarm 1 für den Umlenkspiegel mit Pulverdüse sowie der Trägerarm 2 für die Schutzgasdüse. Umlenkspiegel, Pulverdüse und Schutzgasdüse werden konventionell hergestellt.

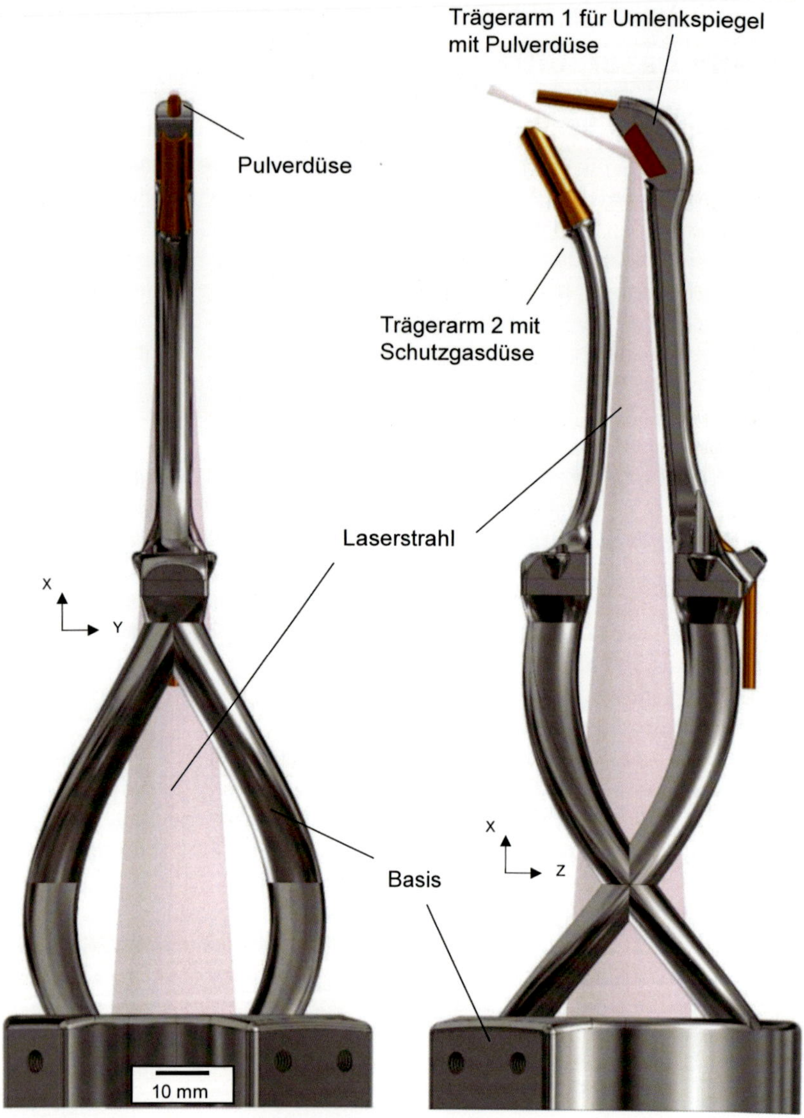

Abbildung 6-1: CAD-Modell des Systemtechnikprototyp 2 mit Umlenkspiegel, Pulverdüse und Schutzgasdüse; Links: Draufsicht; rechts: Seitenansicht.

Die Basis (vgl. Abbildung 6-2) stellt die Schnittstelle zwischen dem Zylindertubus der anlagenseitigen Adaptereinheit (vgl. Abbildung 4-2), dem Trägerarm 1 für den Umlenkspiegel mit Pulverdüse (vgl. Abbildung 6-6) sowie dem Trägerarm 2 für die Schutzgasdüse dar (vgl. Abbildung 6-7). Das Zentrum der Basis bietet ausreichend Raum für die Führung des Laserstrahls. Über die Basis werden die Kühlwasserzufuhr, die

Spülgaszufuhr und die Schutzgaszufuhr realisiert. Für den Transport des Kühlwassers und der Gase werden Kanäle im Bauteil vorgesehen (vgl. Abbildung 6-2).

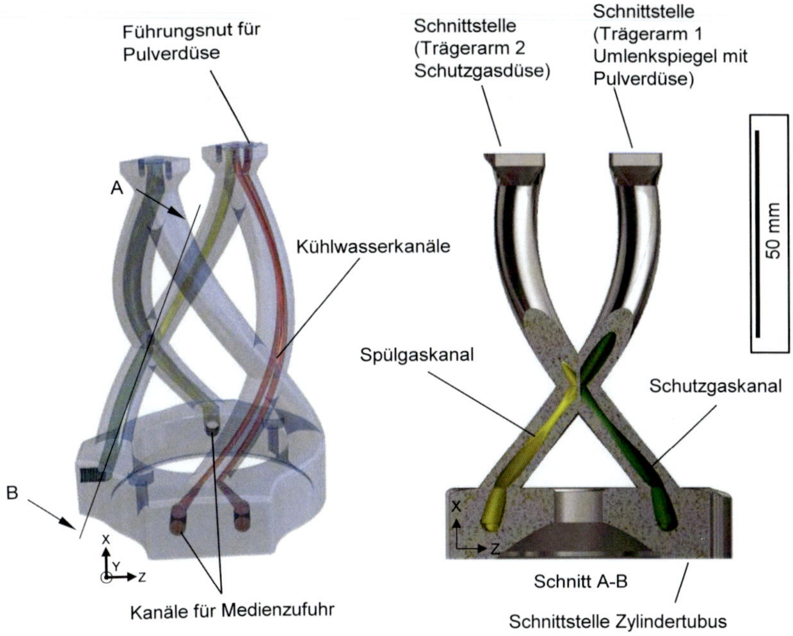

Abbildung 6-2: Basis mit Kanälen für Schutzgas, Spülgas und Kühlwasser sowie Schnittstellen zu den Trägerarmen.

Zur Abdichtung der Kanäle sind Senkungen für O-Ringe vorgesehen und Gewinde für die anlagenseitigen Anschlüsse der Medienzufuhr eingebracht. Die Pulverdüse kann nicht mittels PBF-LB/M hergestellt werden, da die Oberflächenrauheit von PBF-LB/M gefertigten Bauteilen für einen reibungsarmen Transport nicht ausreicht. Zur Verlegung der Pulverdüse wird eine Führungsnut vorgesehen. Um eine Kollisionserkennung zu ermöglichen, wird eine Verschraubungsmöglichkeit eines elektrischen Sensors vorgesehen und realisiert. Der Stromkreis wird bei einem Kontakt des Systemtechnikprototyp 2 mit der Modellkavität geschlossen und gibt ein elektrisches Signal, um eine automatisierte Abschaltung der Verfahrachsen der Gantry-Anlage zu realisieren.

Auf einer Seite der Basis wird der Trägerarm 1 für Pulverdüse und Umlenkspiegel montiert. Der Trägerarm 1 fixiert den Umlenkspiegel im definierten Winkel von 58°. Der Umlenkspiegel wird über einen Schwalbenschwanz am Trägerarm 1 formschlüssig gehalten und über einen Gewindestift arretiert (Abbildung 6-3).

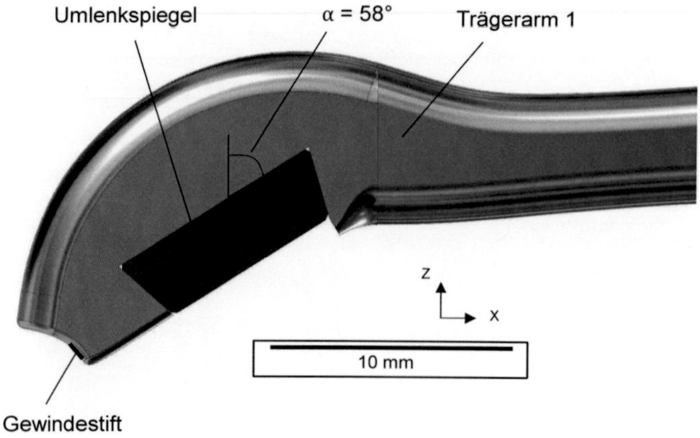

Abbildung 6-3: Trägerarm 1 mit eingebautem Umlenkspiegel.

Auf Basis der Wärmesimulation (vgl. Abbildung 12-10) wird auf der Rückseite des Umlenkspiegels im Trägerarm 1 eine Tasche für Kühlwasser (vgl. Abbildung 6-4) vorgesehen, die mittels Fräsbearbeitung eingebracht wird.

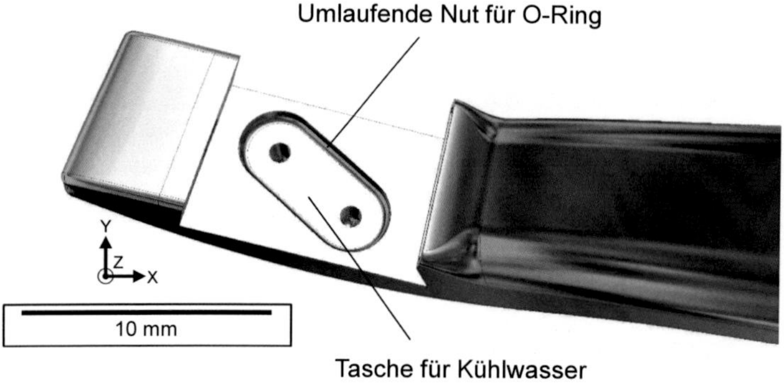

Abbildung 6-4: Trägerarm 1 mit Tasche zur direkten Kühlung des Umlenkspiegels.

Dadurch wird eine direkte Kühlung des Umlenkspiegels ermöglicht. Die Dichtung der Tasche wird durch einen O-Ring bewerkstelligt, der durch den Umlenkspiegel ausreichenden Druck erfährt, um abzudichten. Die Kanäle der Kühlung werden durch den Trägerarm 1 gelegt.

Der Umlenkspiegel wird mit einem Spülgas durch eine Spülgasdüse vor reflektierten Pulverpartikeln während des Bearbeitungsprozesses geschützt. Hierfür wird ein Spülgaskanal in den Trägerarm 1 integriert, an dessen Ende sich die Spülgasdüse unterhalb des Umlenkspiegels befindet (Abbildung 6-5).

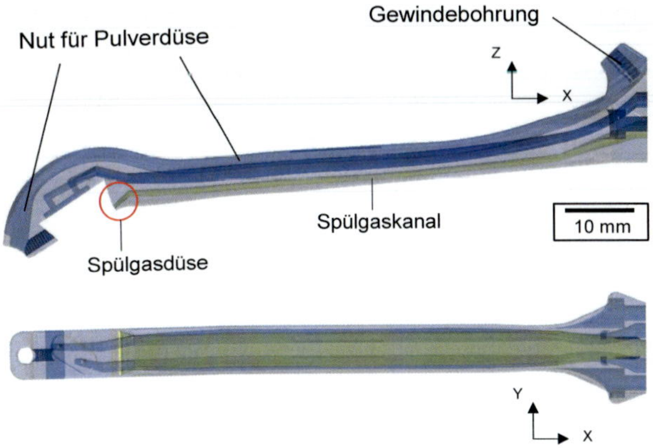

Abbildung 6-5: Halbtransparente Darstellung des Trägerarms 1 für Umlenkspiegel mit Spülgaskanal und Spülgasdüse.

Für die Befestigung der Pulverdüse wird eine Nut auf der Rückseite des Trägerarms 1 vorgesehen. In diese Nut wird die Pulverdüse eingelegt und durch eine Gewindebohrung am Trägerarmkopf sowie eine Schraube am Ende des Trägerarms 1 fixiert (Abbildung 6-6).

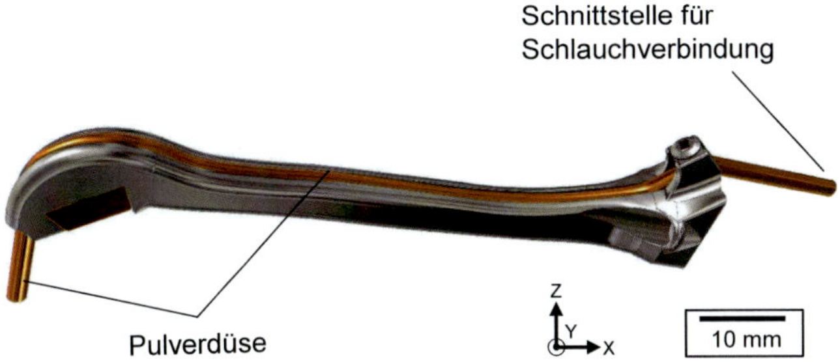

Abbildung 6-6: Trägerarm 1 für den Umlenkspiegel mit eingelegter Pulverdüse.

Durch diese Anordnung kann die Pulverdüse bei einer Beschädigung unkompliziert und schnell ausgetauscht werden. Die Pulverdüse verfügt über eine Schnittstelle zur Schlauchverbindung mit dem Pulverförderer.

Der Trägerarm 2 für die Schutzgasdüse (vgl. Abbildung 6-7) hat die Aufgabe, das Schutzgas, das zur Erzeugung der Schutzgasatmosphäre für das Schmelzbad notwendig ist, zur Schutzgasdüse zu transportieren. Am oberen Ende des Trägerarms 2 ist die Schutzgasdüse aus Kupfer vorgesehen. Der Trägerarm 2 wird mit zwei Schrauben an der Basis fixiert.

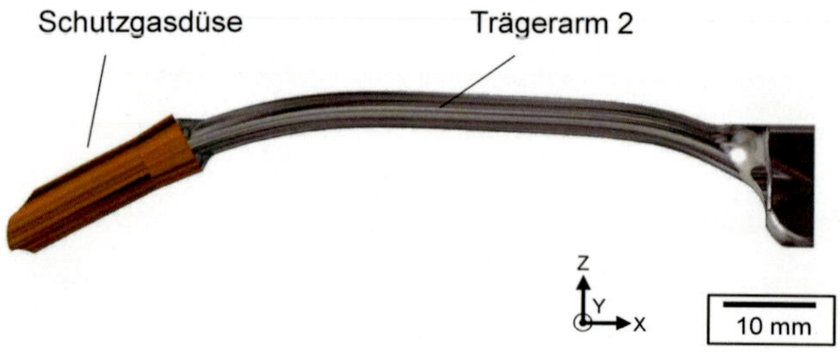

Abbildung 6-7: Trägerarm 2 mit Schutzgasdüse.

Im Folgenden wird der Aufbau des Systemtechnikprototyp 2 (vgl. Abbildung 6-8) beschrieben. Der Umlenkspiegel wird an den Schwalbenschwanz des Trägerarms angepasst (siehe Abbildung 6-3). Durch die Integration der Kühlflüssigkeitsführung in den Trägerarm für Pulverdüse und Umlenkspiegel (vgl. Abbildung 6-4) benötigt der Umlenkspiegel keine Kühlkanäle. Die Pulverdüse wird aus einem Messingrohr gefertigt. Hierfür wird das Rohr durch Biegen an die Kontur der dafür vorgesehenen Nut angepasst. Zum Erreichen des benötigten Pulverfokus von 1,5 mm werden die letzten 10 mm vor der Pulveraustrittskante poliert. Die Schutzgasdüse wird aus einem Messingzylinder mittels Drehbearbeitung hergestellt. Damit die Schutzgasdüse möglichst dicht an das Schmelzbad positioniert werden kann, wird die Austrittskante der Schutzgasdüse so angeschrägt, dass die Schräge parallel zur Laserstrahlachse verläuft (Abbildung 6-1). Abbildung 6-8 zeigt den vervollständigten Systemtechnikprototyp 2 mit den Gas- und Wasseranschlüssen.

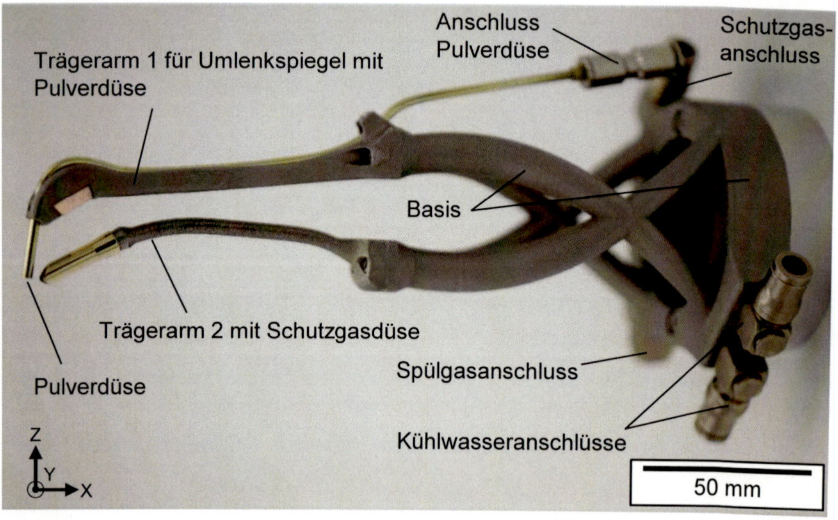

Abbildung 6-8: Fotografische Aufnahme des Systemtechnikprototyp 2 mit Gas- und Wasseranschlüssen.

6.3 Laboraufbau und Funktionstests Systemtechnikprototyp 2

Nach dem Aufbau des Systemtechnikprototyp 2 wird dieser in Laborversuchen beim Aufbringen von Einzel- und Überlappspuren innerhalb der Modellkavität auf Funktionalität geprüft. Die Grundmaterialstärke innerhalb der Modellkavität variiert zwischen ca. 0,5–2,5 mm. Der Laboraufbau für die Durchführung der Funktionstest wird analog der in Abbildung 6-9 dargestellten Konzeptzeichnung eingerichtet.

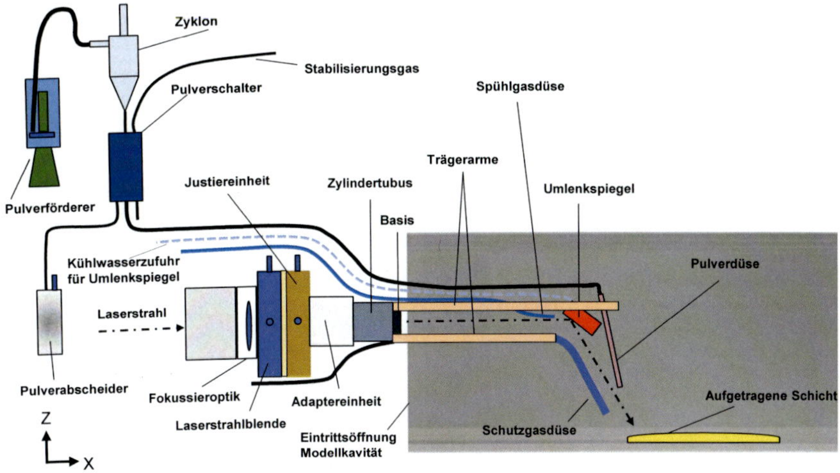

Abbildung 6-9: Konzeptzeichnung des erweiterten Laboraufbaus für Beschichtungsversuche mit dem Systemtechnikprototyp 2.

Dabei werden folgende Verfahrensparameter und die in 5.5 genannte Bearbeitungsstrategie verwendet:

- Laserleistung: bis P_L = 320 W
- Pulvermassenstrom: $\dot{m_p}$ = 3,5 g/min
- Prozessgeschwindigkeit: V_P = 500 mm/min
- Schutzgasvolumenstrom: $\dot{V}_{SG}$ = 5 l/min
- Fördergasvolumenstrom: $\dot{V}_{FG}$ = 0,8 l/min
- Spülgasvolumenstrom: $\dot{V}_{SpG}$ = 1 l/min

Die Temperaturmessung am Umlenkspiegel im DED-LB/M-Prozess erfolgt über ein Kontaktthermometer. Zur Überprüfung der Wirksamkeit der Wasserkühlung des Umlenkspiegels wird der für die Simulation (vgl. Abbildung 12-10) verwendete Kühlwasservolumenstrom von 50 ml/min eingestellt. Der aus dem Fördergasvolumenstrom, dem Pulvermassenstrom und der Pulverdüsengeometrie resultierende Durchmesser des Pulvergasstrahls wird am Bearbeitungsort ermittelt. Um die Schutz- und Spülgasdüse auf Funktionalität zu prüfen, werden die Volumenströme im DED-LB/M-Prozess eingestellt. Des Weiteren werden Versuche mit einem an der Pulverdüsenspitze angebrachten Strömungsumlenkblech (vgl. Abbildung 6-10 rechts) durchgeführt, um dessen Einfluss auf die Spülgasströmung zu untersuchen.

6.4 Ergebnisse der Funktionstests

Im Folgenden werden die durchgeführten Funktionstests mit dem Systemtechnikprototyp 2 hinsichtlich Spiegelkühlung, Pulvergasstrahl, Spülgasdüse sowie Schutzgasabschirmung beschrieben. Ebenfalls werden Beschichtungsversuche innerhalb der Modellkavität durchgeführt. Die Erwärmung des Umlenkspiegels während des Beschichtungsprozesses kann durch die direkte Kühlung des Umlenkspiegels reduziert werden. Das Kühlwasser wird mit einem Volumenstrom von ca. 50 ml/min durch die Kanäle geleitet und verhindert, dass der Umlenkspiegel Temperaturen erreicht, bei denen das Kupfer durch Oxidation anläuft. Der Umlenkspiegel erreicht im Test Maximaltemperaturen von 70 °C bei einer Bestrahlung mit einer Laserleistung von 500 W für 20 S. Die Laserleistung von 500 W wird gewählt, um einen Sicherheitsfaktor gegenüber den für den Beschichtungsprozess verwendeten 320 W abzubilden. Die Messung erfolgt über ein am Spiegel angebrachtes Kontaktthermometer (siehe Abbildung 6-9). Über die aktive Temperaturmessung am Umlenkspiegel während des Prozesses können Informationen über den Zustand des Umlenkspiegels zur Prozesskontrolle und Überwachung erhalten werden [Bac96]. Mit dem verwendeten Fördergasvolumenstrom und Pulvermassenstrom kann ein Pulvergasstrahl mit einem Durchmesser von 1,5 mm am Bearbeitungsort erzeugt werden. Die Spülgasdüse verhindert Reflexionen von Pulverpartikeln auf die Spiegeloberfläche während des Bearbeitungsprozesses. Die Wirksamkeit kann noch gesteigert werden, wenn ein Strömungsumlenkblech an der Pulverdüsenspitze angebracht wird. Das Umlenkblech lenkt den Strömungsverlauf des Spülgases in Richtung der Pulverdüsenspitze (Abbildung 6-10 rechts). Abbildung 6-10 links zeigt den Strömungsverlauf ohne Strömungsumlenkblech. Hier ist zu sehen, dass das Spülgas zwar über den Spiegel geleitet wird, dann aber um die Pulverdüse strömt, sodass es gegen reflektierte Partikel im Bereich der Pulverdüsenspitze nicht mehr wirksam ist.

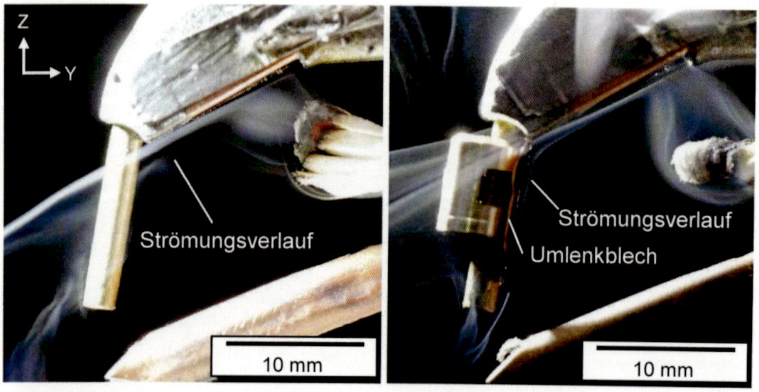

Abbildung 6-10: Links: Spülgasströmung ohne Umlenkblech; rechts: Spülgasströmung mit Umlenkblech. Die Gasströmung wird mit Rauch sichtbar gemacht.

Die Schutzgasströmung wird mit Rauch sichtbar gemacht. Die für den Prozess notwendige Schutzgasabschirmung kann durch die angebrachte Schutzgasdüse mit dem verwendeten Schutzgasvolumenstrom sichergestellt werden, da oxidfreie Beschichtungen erzeugt werden.

Für die metallografische Auswertung wird der beschichtete Bereich mittels Drahterodieren aus der Modellkavität entnommen. Aus der aufgebrachten Beschichtung werden zwei Proben, W1 als Längsschliff ‚Orientierung A' und W2 als Querschliff ‚Orientierung B', präpariert. Die lichtmikroskopisch untersuchten Gefüge weisen keine Risse, Anbindungsfehler oder Poren größer 40 µm auf. Die Wärmeeinflusszone (WEZ) im Grundmaterial ist als weißes Band zu erkennen (vgl. Abbildung 6-11).

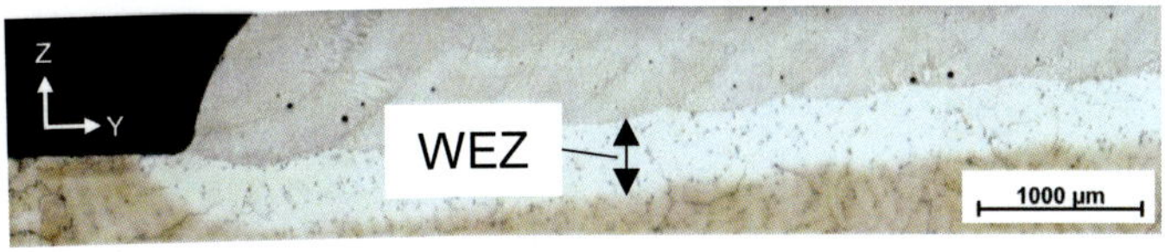

Abbildung 6-11: Lichtmikroskopische Detailaufnahme der Probe W2 im Querschliff, bestehend aus drei zusammengefügten Aufnahmen mit 50-facher Vergrößerung.

Die Härteverläufe der Proben W1 und W2 sind in Abbildung 6-12 und Abbildung 6-13 dargestellt. In Abbildung 6-12 ist ein Härteabfall innerhalb der letzten ~ 400 µm des Grundmaterials zu beobachten. Dies entspricht etwa der Stärke der WEZ.

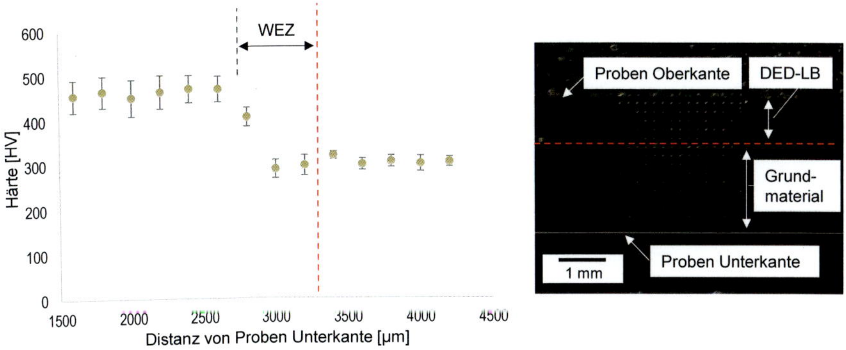

Abbildung 6-12: Härteverlauf über die Höhe der Probe W1 [Mül24].

In Abbildung 6-13 ist ein Härteabfall innerhalb der letzten ~ 300 µm des Grundmaterials zu beobachten. Dies entspricht etwa der Stärke der WEZ.

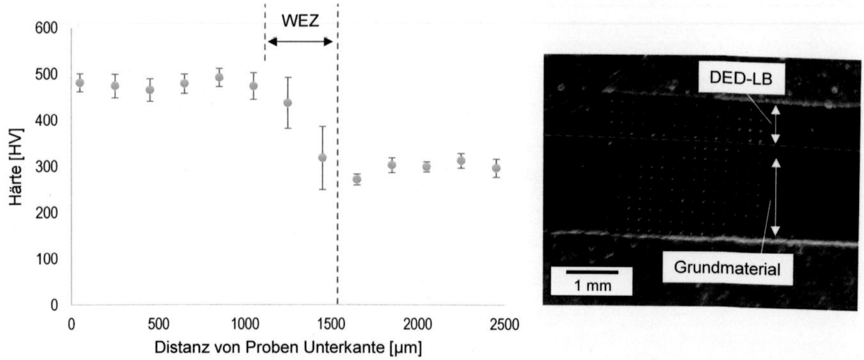

Abbildung 6-13: Härteverlauf über die Höhe der Probe W2.

Die Auswertung der durchgeführten Härtemessungen ist in Tabelle 6 dargestellt.

Tabelle 6: Zusammenfassung der Ergebnisse der durchgeführten Mikro-Indentationsversuche an den Proben der weiterführenden Untersuchungen W1 und W2. Gegeben sind jeweils die Mittelwerte aus den Messungen innerhalb des Grundmaterials und des DED-LB/M-Materials.

Proben-Kenn-zeichnung	**Mittelwert Vickers-Härte Grundmaterial +/- Standardabweichung [HV] (Anzahl Härteeindrücke)**	**Mittelwert Vickers-Härte DED-LB/M +/- Standardabweichung [HV] (Anzahl Härteeindrücke)**
W1	417,3 +/- 76,4 (133)	305,2 +/- 14,3 (75)
W2	432,2 +/- 83,4 (135)	302,3 +/- 16,6 (58)

Die durchgeführten Härtemessungen mit 75 Messpunkten ergeben, dass im DED-LB/M-Material der Flachprobe W1 eine gemittelte Härte von 305,2 ± 14,3 HV erreicht wird. Die Flachprobe W2 weist bei 58 Messpunkten im DED-LB/M-Material eine gemittelte Härte von 302,3 ± 16,6 HV auf. Es wird vermutet, dass der Härteanstieg von ~40 HV im Vergleich zu den Proben aus Kapitel 5.7 auf die größere Grundmaterialstärke und höhere Wärmeabfuhr durch die Modellkavität zurückzuführen ist [Tia14]. Der Mittelwert aus Hosseini und Popovich für die gemessenen Härten von nicht wärmebehandeltem Alloy 718 (DED-LB/M) beträgt ~ 250 HV bei einer Standardabweichung von ~ +/- 30 HV [Hos19]. Die gemittelte Härte der Ergebnisse der durchgeführten Härtemessungen von 305,2 HV bzw. 302,3 HV liegen um ~20 HV über dem in [Hos19] genannten Maximalwert. Es ist zu vermuten, dass die um bis zu ~20 HV höhere Härte auf die Unterschiede in der Grundmaterialstärke (Wärmeabfuhr) der Proben sowie der verwendeten Bearbeitungsstrategie und Verfahrensparameter zurückzuführen sind [Tia14, Ste17].

REM, EDX und EBSD

Für die Proben W1 als Längsschliff ‚Orientierung A' und W2 als Querschliff ‚Orientierung B' werden Gefügeanalysen im REM mit EDX(Energiedispersive Röntgenspektroskopie)- und EBSD(Elektronenrückstreubeugungs)-Mapping durchgeführt, um die vorliegenden Phasen sowie Kornorientierungen und Elementkonzentrationsverteilungen zu beurteilen. Abbildung 6-14 zeigt die Ergebnisse des EBSD-Mappings für die Probe W1 als Längsschliff ‚Orientierung A' (EBSD-Schrittweite = 6 µm).

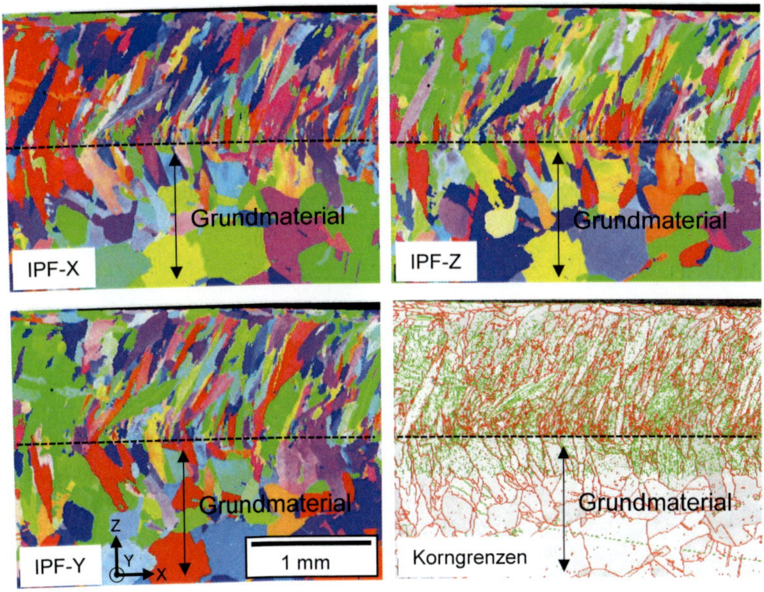

Abbildung 6-14: IPF-X-, -Y- und -Z-Orientierungskarten der Probe W1 als Längsschliff ‚Orientierung A'; außerdem sind die Korngrenzen, unterteilt in Großwinkelkorngrenzen (Rot > 15° Orientierungsdifferenz) und Kleinwinkelkorngrenzen (Grün = Orientierungsdifferenz 2–15°), dargestellt; Schweißrichtung entspricht X.

Abbildung 6-15 zeigt die Dichteverteilungen der gemessenen Orientierungen der {100}-, {110}- und {111}-Kristallebenen-Pole innerhalb des mittels EBSD analysierten Bereichs für die Probe W1.

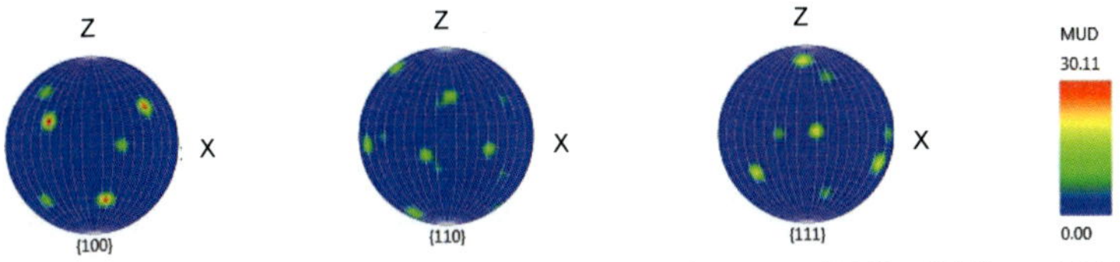

Abbildung 6-15: Orientierungsdichteverteilung in Form von {100}-, {110}- und {111}-Polfiguren der Probe W1 als Längsschliff ‚Orientierung A'; Orientierungsverteilungen der {100}-,

{110}- und {111}-Kristallebenen-Pole relativ zum Referenzkoordinatensystem innerhalb des analysierten Bereichs des Längsschliffes ‚Orientierung A' der Probe W1.

Abbildung 6-16 zeigt die Ergebnisse der EBSD-Messung mit einer Auflösung (i. e. EBSD-Schrittweite) von 2 µm für die Probe W2 im Querschliff ‚Orientierung B'.

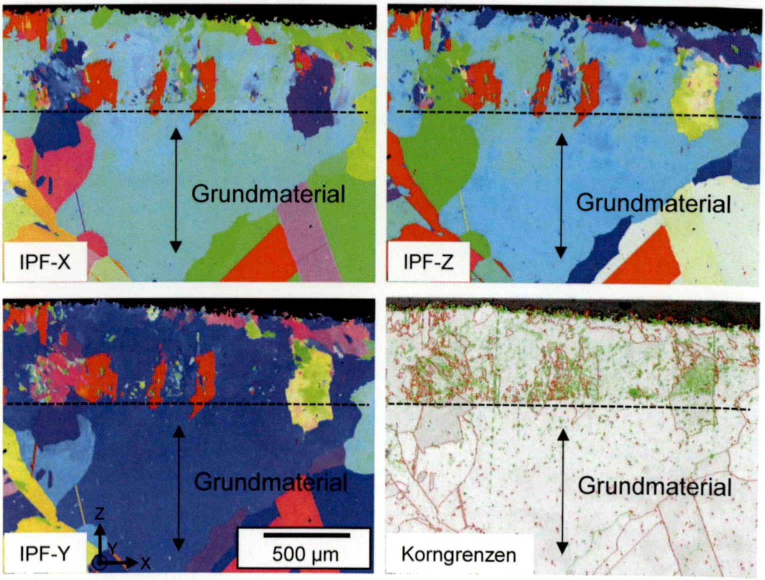

Abbildung 6-16: IPF-X-, -Y- und -Z-Orientierungskarten der Probe W2 als Querschliff ‚Orientierung B'; außerdem sind die Korngrenzen (unten rechts), unterteilt in Großwinkelkorngrenzen (Rot > 15° Orientierungsdifferenz) und Kleinwinkelkorngrenzen (Grün = Orientierungsdifferenz 2–15°), dargestellt; Schweißrichtung entspricht Y.

Abbildung 6-17 zeigt die Dichteverteilungen der gemessenen Orientierungen der {100}-, {110}- und {111}-Kristallebenen-Pole innerhalb des mittels EBSD analysierten Bereichs für die Probe W2.

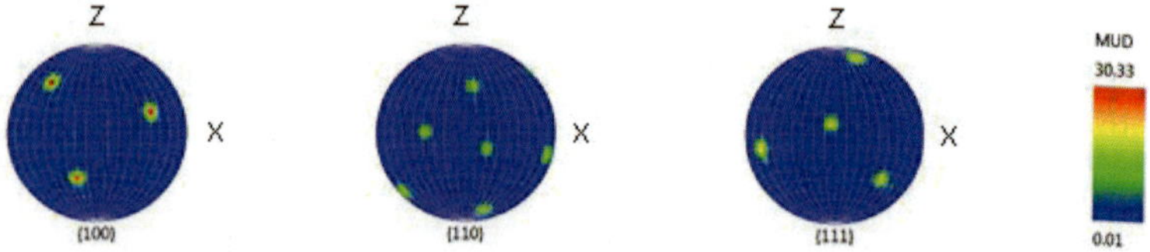

Abbildung 6-17: Orientierungsdichteverteilungen in Form von {100}-, {110}- und {111}-Polfiguren; Orientierungsdichteverteilung der {100}-, {110}- und {111}-Kristallebenen-Pole für die analysierte Probe W2; Querschliff (‚Orientierung B').

Beide Proben W1 und W2 zeigen Kleinwinkelkorngrenzen (in Grün dargestellt; Abbildung 6-14 und Abbildung 6-16) innerhalb des DED-LB/M-gefertigten Materials. Kleinwinkelkorngrenzen sind ein Zeichen höherer Versetzungsdichten im Material, die in

Folge der thermomechanischen Belastung während der additiven Fertigung entstehen [Got14 S. 92–94]. Innerhalb des DED-LB/M-Materials kommt es zu einer Abnahme der Korngröße (in Rot dargestellt sind jeweils Großwinkelkorngrenzen > 15° Orientierungsdifferenz) im Vergleich zum Grundmaterial. Abbildung 6-15 und Abbildung 6-17 zeigen eine ausgeprägte Textur (i.e. Vorzugsorientierung der Körner) mit einem Maximum des Multiples of Uniform Density(MUD) von 30,11 in der Probe W1 (Abbildung 6-15) und von 30,33 in der Probe W2 (Abbildung 6-17). Die Körner sind nicht bevorzugt entlang einer der Probenkoordinatensystem-Achsen (X, Y und Z) orientiert, sondern es ist eine Vorzugsorientierung der Längsachsen bzw. {100}-Kristallebenen-Pole der Körner ~ 45° verkippt zur X-, Y- und Z-Achse zu erkennen. Cao et al. [Cao13] zeigen beispielsweise, dass bei einer Vergrößerung der Spurüberlappung das Kornwachstum abweichend von der Aufbaurichtung ist. Dieser Effekt wird auch bei der Probe W1 vermutet.

In Abbildung 6-18 sind die Elementkonzentrationsverteilungen innerhalb eines bei 5000-facher Vergrößerung (EDX-Schrittweite = 120 nm) analysierten DED-LB/M-Bereichs aus der Mitte der Probe W2 dargestellt. Die Messung zeigt Nickel-, Eisen- und Chromanreicherung innerhalb der Dendritenarme (zu erkennen an der stärkeren und helleren Einfärbung dieser Bereiche in den Nickel-Eisen- und Chromverteilungskarten) sowie erhöhte Niob-, Titan- und Molybdänkonzentrationen (Seigerung) in den interdendritischen Bereichen (erscheinen heller in den Niob-, Titan- und Molybdänverteilungsdarstellungen). Durch das EDX-Mapping wird deutlich, dass noch keine vollständige Homogenisierung des Materials stattgefunden hat. Wie bei [Kum20] beschrieben, kann während der Erstarrung eine Entmischung der Legierungselemente für den Nichtgleichgewichtszustand beobachtet werden.

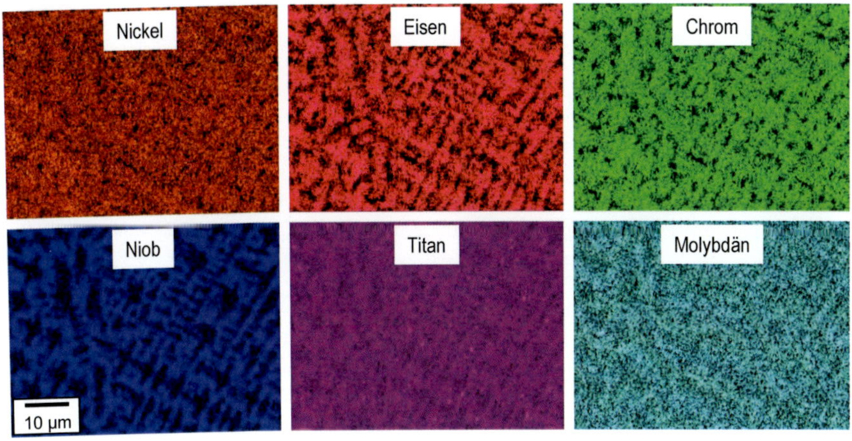

Abbildung 6-18: EDX-Mapping, Probe W2 (Orientierung B), aufgenommen bei 5000-facher Vergrößerung (EDX-Schrittweite = 120 nm).

Elemente wie Niob, Molybdän und Titan haben eine niedrige Löslichkeitsschwelle und neigen zur Seigerung in die flüssige Phase. Elemente wie Chrom, Eisen und Aluminium haben eine höhere Löslichkeitsschwelle und werden in der Matrix eingeschlossen. Daher ist im nicht wärmebehandelten Zustand keine Homogenisierung zu erwarten [Bla05, Qi09].

6.5 Herstellung von Materialprüfproben

Zur Ermittlung der statischen mechanischen Eigenschaften (Zugfestigkeit R_m, Dehngrenze $R_{p0,2}$ und Bruchdehnung A) werden Zugversuche bei RT an Flachzugproben durchgeführt. Alle Zugproben weisen im Prüfquerschnitt eine Probendicke von 3 mm auf. Die Probenstärke setzt sich bei den hybriden Zugproben nominal aus 0,5 mm Grundmaterial (Alloy 718 Feinguss) und 2,5 mm DED-LB/M-Material zusammen. Der definierte Umfang an Zugproben ist in Tabelle 7 dargestellt.

Tabelle 7: Übersicht Zugproben für Zugversuche bei RT.

Beschreibung Probe	Wärmebehandlung (WBH)	Anzahl
Grundmaterial (Feinguss)	Nein	4
DED-LB/M + Grundmaterial (Feinguss)	Nein	3
DED-LB/M + Grundmaterial (Feinguss)	Ja	3

Für die Zugprüfung wird die Zugprobengeometrie aus Abbildung 6-19 die sich wegen der gewünschten Gesamtlänge an einer Werksnorm orientiert verwendet.

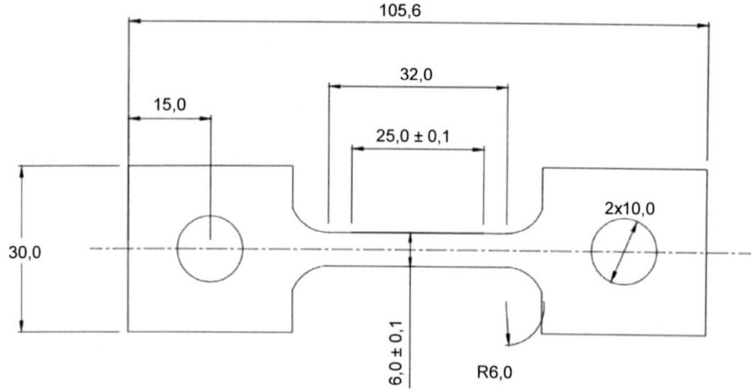

Abbildung 6-19: Skizze der Zugprobengeometrie; alle Angaben in mm.

Für die Bewertung des DED-LB/M-Gefüges hinsichtlich Poren, Rissen und Anbindungsfehlern werden zur metallografischen Auswertung drei Vergleichszugprobenrohlinge (W3, W4 und W5) analog zu den Zugproben hergestellt.

Die Herstellung der Zugproben erfolgt in sechs Schritten:

1. Erzeugung von Zugprobenrohlingen bzw. Vergleichszugprobenrohlingen (DED-LB/M auf Feingussbauteil, vgl. Abbildung 6-20)

2. Entnahme der Zugprobenrohlinge bzw. Vergleichszugprobenrohlinge aus dem Feingussbauteil durch Drahterodieren
3. Mechanische Fertigung der Zugprobengeometrie durch Fräsbearbeitung auf Rohmaß
4. Ofenwärmebehandlung (WBH) (wenn festgelegt)
5. Mechanische Fertigung der Zugprobengeometrie mittels Schleif- und Fräsbearbeitung auf Fertigmaß (vgl. Abbildung 6-19)
6. Zugprüfung

Abbildung 6-20 links zeigt die mehrlagige Beschichtung (vgl. Kapitel 5.7 und 6.3) auf einem Feingussbauteil zur Erzeugung der Zugprobenrohlinge bzw. Vergleichszugprobenrohlinge.

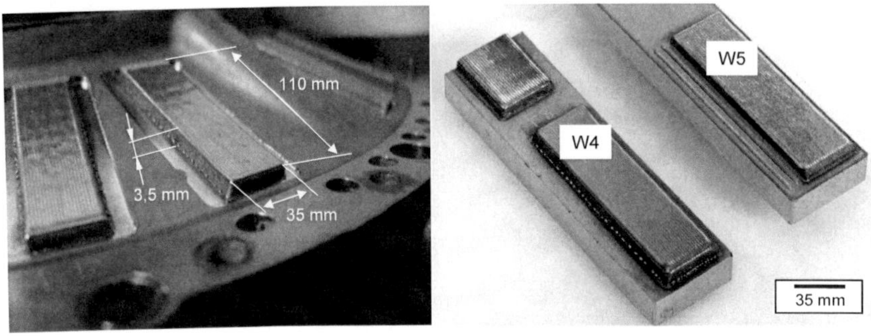

Abbildung 6-20: Links: Zugprobenrohlinge (DED-LB/M auf Feingussbauteil); rechts: Vergleichszugprobenrohlinge W4 und W5.

6.6 Auswertung

Die Festigkeiten bei RT = 20 °C sind in Abbildung 6-21 dargestellt.

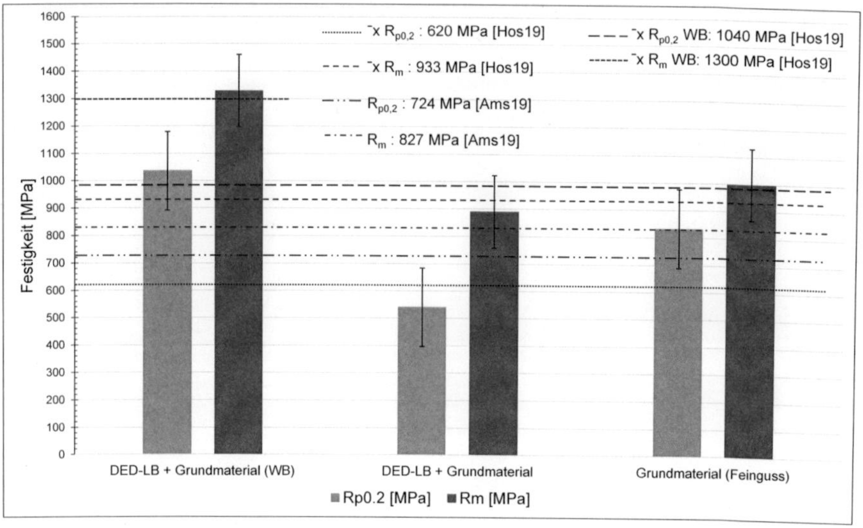

Abbildung 6-21: Diagramm Festigkeiten [$R_{p0.2}$ / R_m]; Zugprüfung bei RT, Mittelwerte ($\bar{x}$).

Es ist eine Zunahme der Streckgrenze nach WBH von etwa 47 % im Vergleich zu den Werten für die Zugproben ‚DED-LB/M + Grundmaterial' ohne WBH und eine Zunahme der Zugfestigkeit nach WBH von etwa 33 % im Vergleich zu den Werten für die Zugproben ‚DED-LB/M + Grundmaterial' ohne WBH zu beobachten. Die Ergebnisse der Zugversuche ‚DED-LB/M + Grundmaterial' mit und ohne WBH liegen im erwartbaren Bereich und übertreffen teilweise die in der Literatur genannten Werte. Die Mittelwerte für Streckgrenze ($\bar{x}$ $R_{p0,2}$ = 620 MPa) und Zugfestigkeitswerte ($\bar{x}$ R_m = 933 MPa) aus [Hos19] werden für ‚DED-LB/M + Grundmaterial' ohne WBH unterschritten (R_e = 540 MPa, R_m = 890 MPa). Die Mittelwerte für Streckgrenze ($\bar{x}$ $R_{p0,2}$ WBH = 1040 MPa) und Zugfestigkeit ($\bar{x}$ $R_{p0,2}$ WBH = 1300 MPa) aus [Hos19] werden für ‚DED-LB/M + Grundmaterial' mit WBH unterschritten ($R_{p0,2}$ = 1036 MPa) bzw. übertroffen (R_m = 1329 MPa). Die Werte für Streckgrenze ($R_{p0,2}$ = 724 MPa) und Zugfestigkeitswerte (R_m = 827 MPa) aus [Ams19] werden für ‚DED-LB/M + Grundmaterial' ohne WBH im Falle der Streckgrenze mit (R_e = 540 MPa) unterschritten und für die Zugfestigkeit (R_m = 890 MPa) überschritten. Bei den Zugproben ‚DED-LB/M + Grundmaterial' ohne WBH kann der von [Kum20] beschriebene Effekt der zyklischen ‚In-situ'-WBH durch den Wärmeeintrag auf das darunterliegende Material beim sukzessiven Auftragen der Schweißspuren nicht beobachtet werden. Die Verweildauer des Materials innerhalb des γ'/γ''-Ausscheidungsbereichs (~ 600–900°C) ist zu kurz, um einen höheren Festigkeitsbeitrag zu leisten. Der sprunghafte Anstieg der Werte für ‚DED-LB/M + Grundmaterial' mit WBH im Vergleich zu ‚DED-LB/M + Grundmaterial' ohne WBH ist auf die Ausscheidungshärtung von γ'- und γ''-Phasen durch die WBH zurückzuführen. Die höheren Werte für Streckgrenze und Zugfestigkeit von ‚DED-LB/M + Grundmaterial' mit WBH im Vergleich zu den Ergebnissen der Zugproben aus Alloy 718-Feinguss sind auf das feinere Gefüge (vgl. Abbildung 6-14, Abbildung 6-16) durch den DED-LB/M-Prozess zurückzuführen [Bre16]. Die vorliegenden Werte für die Streckgrenze der Zugproben ‚DED-LB/M + Grundmaterial' ohne WBH liegen in einem ebenfalls von [Li20], [Gle21], [Ben21] und [Maz21] ermittelten Bereich. Die vorliegenden Werte für die Zugfestigkeit der Zugproben ‚DED-LB/M + Grundmaterial' ohne WBH übertreffen die von [Gle21], [Ben21] und [Maz21] ermittelten Werte. Die ermittelten Werte für Streckgrenze und Zugfestigkeit für die Zugproben ‚DED-LB/M + Grundmaterial' mit und ohne WBH liegen im erwartbaren und ebenfalls von [Kel06] ermittelten Bereich für mittels DED-LB/M verarbeitetes Alloy 718.

Die erreichten Bruchdehnungen werden in Abbildung 6-22 gegenübergestellt. Es ist eine Reduktion der Bruchdehnung nach WBH von etwa 36 % im Vergleich zu den Werten für die Zugproben ‚DED-LB/M + Grundmaterial' ohne WB zu erkennen. Alle Ergebnisse liegen über dem in [Ams19] gegebenen Wert für die Bruchdehnung nach WBH von ≥ 5 % und unter dem Mittelwert ($\bar{x}$) von 23 % aus [Hos19] ohne WBH.

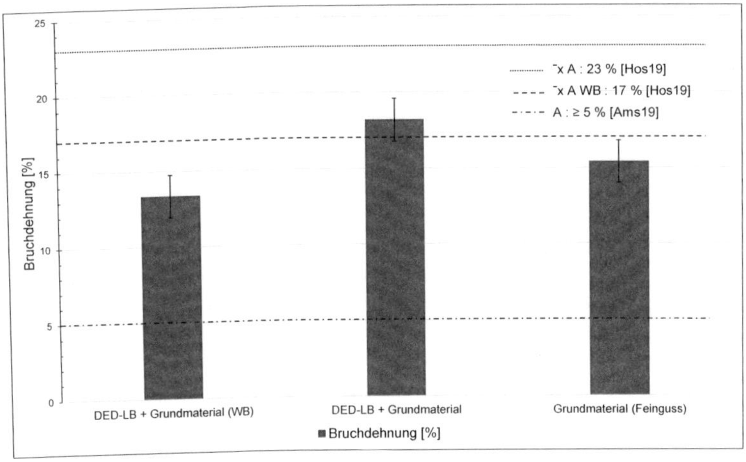

Abbildung 6-22: Auswertung der Zugversuche bei RT; Bruchdehnung A.

Die Ergebnisse der Zugproben ‚DED-LB/M + Grundmaterial' mit WBH liegen um 4 % unterhalb des Mittelwertes ($\bar{x}$) von 17 % für die Bruchdehnung nach WBH aus [Hos19] und damit im erwartbaren Bereich, der ebenfalls von [Kel06] für DED-LB/M mit Alloy 718 ermittelt wird.

Für die Bewertung des DED-LB/M-Gefüges hinsichtlich Poren, Rissen und Anbindungsfehlern erfolgt eine metallografische Untersuchung der Vergleichszugprobenrohlinge W3, W4 und W5. In Tabelle 8 sind die Ergebnisse der Porositätsanalysen zusammenfassend dargestellt. In allen Proben ist die gemessene Mikro-Porosität (> 1 µm Durchmesser) mit Werten von 0,01–0,07 % sehr gering. Der Vergleichszugprobenrohling W3 weist im Vergleich zu den Vergleichszugprobenrohlingen W4 und W5 aufgrund der geringeren Grundmaterialstärke Verzug auf. Der im DED-LB/M-Prozess entstandene Verzug (siehe Tabelle 8, rote Markierung, W3) ist für die Porositätsanalyse unerheblich.

Tabelle 8: Lichtmikroskopische Übersichtsaufnahmen der Flachproben W3, W4 und W5 für Porositätsanalysen der weiterführenden Untersuchungen; Verzug in Probe W3 rot markiert.

Proben-Kenn-zeich-nung	**Verwendete Schliffbilder**	**Gemessene Po-rosität (%)** **Mittlere Poren-größe (Durch-messer [µm])** **Anzahl Poren**
W3	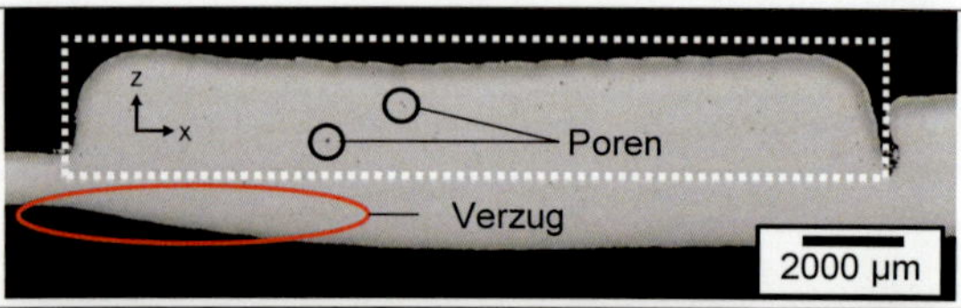	0,07 6,0 893
W4	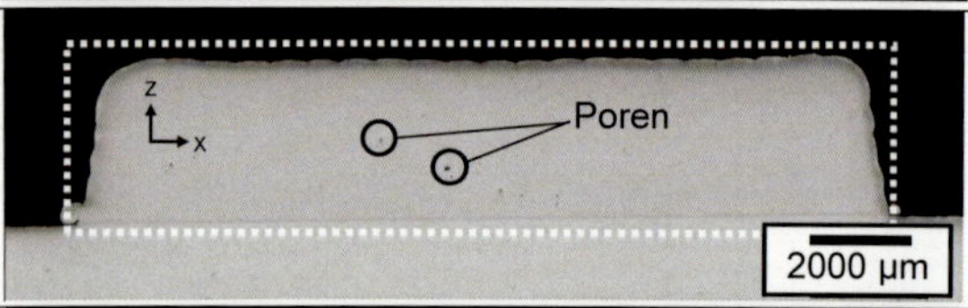	0,04 5,9 541
W5	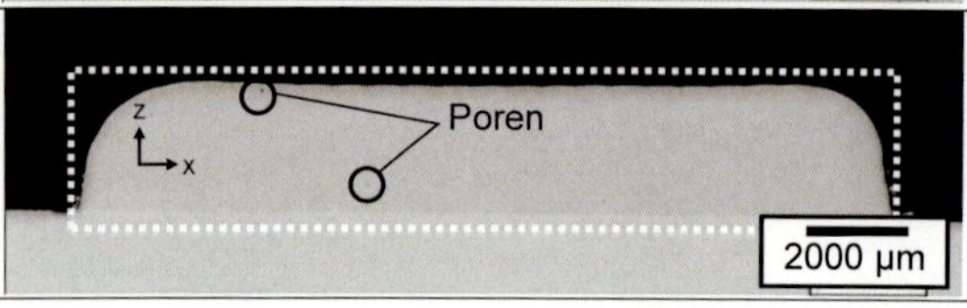	0,01 4,6 160

Zusätzlich werden lichtmikroskopische Gefügeanalysen durchgeführt. Die Aufnahme von Übersichtsbildern erfolgt im geätzten Materialzustand bei 50-facher Vergrößerung. In Tabelle 9 sind die lichtmikroskopischen Übersichtsaufnahmen der Vergleichszugproben W3, W4 und W5 dargestellt.

Tabelle 9: Lichtmikroskopische Übersichtsaufnahmen der Vergleichszugproben W3, W4 und W5; WEZ in Probe W3 markiert.

Probenkennzeichnung	**Lichtmikroskopische Aufnahme**
W3	
W4	
W5	

Die lichtmikroskopisch untersuchten Gefüge weisen keine Risse und Anbindungsfehler auf. Für die Probe W3 kann eine WEZ von ~ 1 mm ermittelt werden.

An den Vergleichszugprobenrohlingen W3, W4 und W5 werden Härtemessungen durchgeführt. Die Härteverläufe sind in Abbildung 6-23, Abbildung 6-24 und Abbildung 6-25 dargestellt. Abbildung 6-23 zeigt, dass die Härte des Grundmaterials (Grundmaterialstärke ~ 1 mm) durch den Wärmeeintrag im DED-LB/M-Prozess beeinflusst ist. Dieser Effekt des Wärmeeintrags wird für die Proben W4 und W5 (Grundmaterialstärke ~ 10 mm) nicht beobachtet.

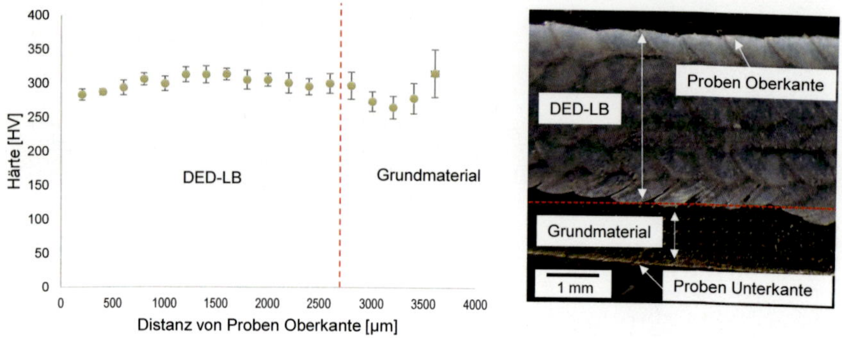

Abbildung 6-23: Härteverlauf über die Höhe der Probe ‚W3'.

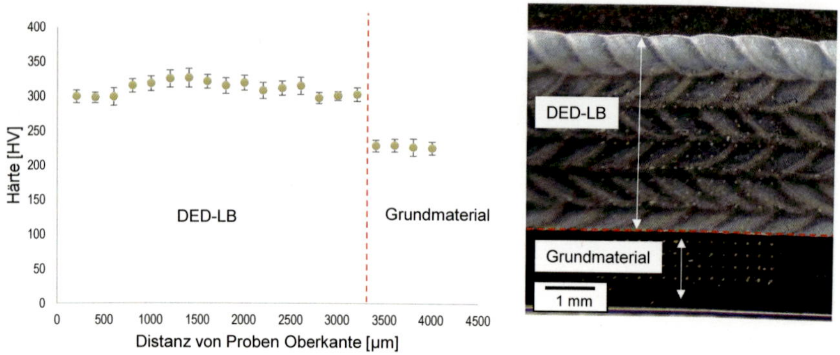

Abbildung 6-24: Härteverlauf über die Höhe der Probe ‚W4'.

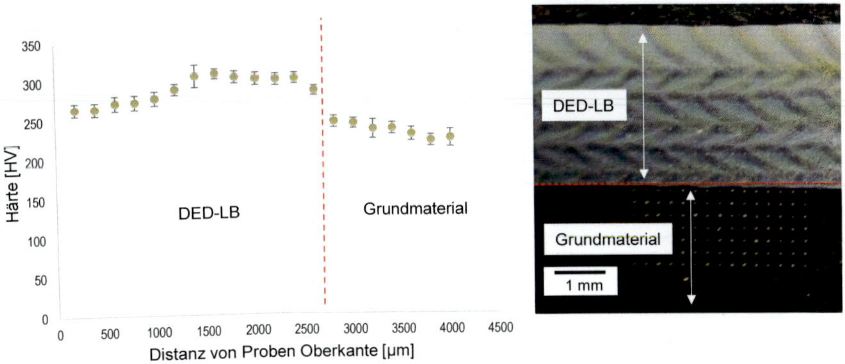

Abbildung 6-25: Härteverlauf über die Höhe der Probe ‚W5'.

Die Auswertung der durchgeführten Härtemessungen ist in Tabelle 10 dargestellt.

Tabelle 10: Zusammenfassung der Ergebnisse der durchgeführten Mikro-Indentationsversuche an den Proben der Vergleichszugprobenrohlinge W3, W4 und W5 (Grundmaterial und DED-LB/M).

Probenkennzeichnung	**Mittelwert Vickers-Härte Grundmaterial +/- Standardabweichung [HV] (Anzahl Härteeindrücke)**	**Mittelwert Vickers-Härte DED-LB/M +/- Standardabweichung [HV] (Anzahl Härteeindrücke)**
W3	285,8 +/- 28,3 (74)	301,5 +/- 14,1 (190)
W4	227,9 +/- 9,9 (59)	310,9 +/- 14,1 (238)
W5	233,2 +/- 12,3 (104)	288,5 +/- 17,6 (193)

Die durchgeführten Härtemessungen ergeben, dass im DED-LB/M-Material der Proben W1–W3 gemittelte Härten von 288,5 ± 14,1 HV bis 310,9 ± 17,6 HV erreicht werden. Die erreichten Härten liegen im Bereich der bei den Funktionstests ermittelten Härten (vgl. Tabelle 6). Der Mittelwert aus [Hos19] für die gemessenen Härten von nicht wärmebehandeltem Alloy 718 beträgt ~ 250 HV bei einer Standardabweichung von ~ ± 30 HV [Hos19]. Die gemittelte Härte der Ergebnisse der durchgeführten Härtemessungen liegen um ~ 8 HV ~ 30 HV über dem in [Hos19] genannten Maximalwert. Es ist zu vermuten, dass die um bis zu ~30 HV höhere Härte auf die Unterschiede in der Grundmaterialstärke (Wärmeabfuhr) der Proben sowie der verwendeten Bearbeitungsstrategie und Verfahrensparameter zurückzuführen ist [Tia14, Ste17].

Im Nachgang der Zugversuche wird eine metallografische Untersuchung ausgewählter Zugproben durchgeführt. Die Lage der Schnittebene wird so gewählt, dass keine Beeinflussung des Querschnitts durch den Zugversuch zu erwarten ist. Abbildung 6-26 zeigt beispielhaft die Mikrostruktur einer analysierten Zugprobe ‚DED-LB/M + Grundmaterial' ohne WBH. Die untersuchten Gefüge weisen keine Risse, Anbindungsfehler oder Poren größer 40 µm auf und zeigen die im DED-LB/M-Material erwartete, kolumnare dendritische Erstarrung (vgl. Abbildung 2-3).

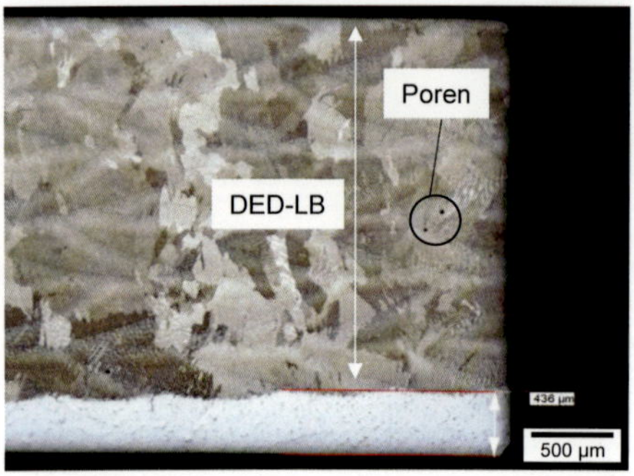

Abbildung 6-26: Lichtmikroskopische Aufnahme der Zugprobe ‚DED-LB/M + Grundmaterial' ohne WBH; geätzter Querschliff.

Die analysierten Zugproben weisen eine Grundmaterialstärke zwischen 272 µm und 436 µm auf (vgl. Abbildung 6-27). Die Probenstärke setzt sich nominal aus 0,5 mm Grundmaterial (Alloy 718 Feinguss) und 2,5 mm DED-LB/M-Material zusammen. Um den Einfluss der variierenden Grundmaterialstärke auf die Zugfestigkeit zu untersuchen, wird für drei Zugproben die Zugfestigkeit über der Grundmaterialstärke aufgetragen. In Abbildung 6-27 sind die Ergebnisse der Gegenüberstellung von Grundmaterialstärke und Zugfestigkeit dargestellt. Daraus lässt sich schließen, dass die aufgetretenen Abweichungen in der Grundmaterialstärke nicht zu unterschiedlichen Zugfestigkeitswerten führen.

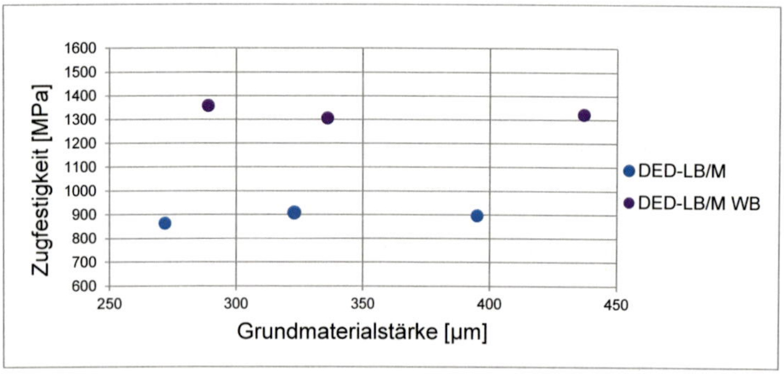

Abbildung 6-27: Zugfestigkeit in Abhängigkeit der Grundmaterialstärke.

6.7 Zwischenfazit

In den weiterführenden Untersuchungen zum minimalinvasiven DED-LB/M wird auf Basis der erlangten Erkenntnisse der Voruntersuchungen der für den industriellen Einsatz ausgelegte Systemtechnikprototyp 2 aufgebaut und Funktionstests unterzogen. Die Temperatur des Umlenkspiegels während des Beschichtungsprozesses kann durch die Wasserkühlung des Umlenkspiegels auf ca. 70 °C reduziert werden. Die Spülgasdüse leitet einen Spülgasvolumenstrom über die Umlenkspiegeloberfläche und verhindert das Auftreffen reflektierter Pulverpartikel auf die Umlenkspiegeloberfläche während des Bearbeitungsprozesses. Ein Spülgasvolumenstrom im Bereich der Pulverdüsenspitze kann über ein Umlenkblech sichergestellt werden. Die für den Prozess notwendige Schutzgasabschirmung kann durch die angebrachte Schutzgasdüse sichergestellt werden, da die in den Beschichtungsversuchen erzeugten Proben keine Oxidation aufweisen.

Die beobachteten Kornstrukturen im DED-LB/M-Material sind kolumnar und entlang der DED-LB/M-Aufbaurichtung ausgerichtet. In den Proben W1 und W2 ist die kristalline Textur stark ausgeprägt, jedoch sind die Längsachsen der Körner in diesen Proben ~ 45° zur DED-LB/M-Aufbaurichtung sowie zur Scan-Richtung verkippt. Die Korngröße innerhalb des DED-LB/M-Materials ist am Übergang zwischen Grundmaterial und DED-LB/M-Material fein, wird aber durch Kornselektion mit zunehmender Aufbauhöhe sowie Abnahme der Temperaturgradienten gröber (vgl. Abbildung 2-3). Die per EDX ermittelten Elementkonzentrationsverteilungen (Abbildung 6-18) zeigen, dass noch keine vollständige Homogenisierung des Materials stattgefunden hat. Es liegen im interdendritischen Bereich erhöhte Niob-, Titan- und Molybdänkonzentrationen (Seigerungen) vor, während innerhalb der Dendriten Chrom, Eisen und Nickel angereichert sind.

Die Ergebnisse der Zugversuche ‚DED-LB/M + Grundmaterial' mit und ohne WBH liegen im erwartbaren Bereich und übertreffen teilweise die in der Literatur genannten Werte. Die Mittelwerte für Streckgrenze ($\bar{x}$ $R_{p0,2}$ = 620 MPa) und Zugfestigkeitswerte ($\bar{x}$ R_m = 933 MPa) aus [Hos19] werden für ‚DED-LB/M + Grundmaterial' ohne WBH unterschritten (R_e = 540 MPa, R_m = 890 MPa). Die Mittelwerte für Streckgrenze ($\bar{x}$ Rp0,2 WBH = 1040 MPa) und Zugfestigkeit ($\bar{x}$ Rp0,2 WBH = 1300 MPa) aus [Hos19] werden für ‚DED-LB/M + Grundmaterial' mit WBH unterschritten ($R_{p0,2}$ = 1036 MPa) bzw. übertroffen (R_m = 1329 MPa). Die Werte für Streckgrenze ($R_{p0,2}$ = 724 MPa) und Zugfestigkeit (R_m = 827 MPa) aus [Ams19] werden für ‚DED-LB/M + Grundmaterial' ohne WBH im Falle der Streckgrenze mit (R_e = 540 MPa) unterschritten und für die Zugfestigkeit (R_m = 890 MPa) erreicht. Für die hybriden Zugproben, bestehend aus nominal 0,5 mm Grundmaterial und 2,5 mm DED-LB/M-Material, kann eine Variation der Grundmaterialstärke zwischen 272 µm und 436 µm festgestellt werden, die jedoch wie bereits in den Voruntersuchungen beschrieben, keinen Einfluss auf die Festigkeitswerte hat.

Die lichtmikroskopischen Untersuchungen ergeben keine Poren größer 40 µm, Risse und Anbindungsfehler. Im nicht wärmebehandelten DED-LB/M-Material der Proben

W1, W2, W3, W4 und W5 lassen sich Härten von 288–305 HV bestimmen. Im gegossenen Grundmaterial der Proben W1 und W2 finden sich Härten von 417–432 HV.

Im Zusammenhang mit der Forschungsfrage wird in diesem Kapitel gezeigt, dass ein minimalinvasiver Aufbau rissfreier Beschichtungen mittels pulverbasierten DED-LB/M auf Bereichen mit variierenden Grundmaterialstärken innerhalb der Modellkavität (Zugangsöffnungen: Höhe ≤ 50 mm, Breite ≤ 10 mm) mit dem Systemtechnikprototyp 2 möglich ist.

7 Minimalinvasives Funktionalisieren

7.1 Gestaltung und Aufbau Systemtechnikprototyp 3

Für die Gestaltung eines Systemtechnikprototyp zum minimalinvasiven Funktionalisieren soll der Systemtechnikprototyp 2 als Basis dienen. Die Zone, die wärmebehandelt werden soll, entspricht der Fläche des auftraggeschweißten Materials mit einer Länge von 120 mm und einer Breite von 9 mm (vgl. Abbildung 5-1). Zur WBH soll der Laserstrahldurchmesser einmal über die Zone in Laser-Scan-Richtung bewegt werden (vgl. Kapitel 2.2, Abbildung 2-2 links). Hierzu ist ein Laserspot mit einer Breite von 9 mm nötig. Diese Anforderung lässt sich durch den im Systemtechnikprototyp 2 verwendeten Umlenkspiegel jedoch nicht realisieren, da der maximale Laserstrahldurchmesser am Bearbeitungsort durch die Breite des Umlenkspiegels von 8 mm ebenfalls 8 mm beträgt. Die Breite des verwendeten Umlenkspiegels von 8 mm ergibt sich aus der Anforderung, eine Verfahrbewegung (vgl. Kapitel 5.5) in Richtung Y innerhalb der Modellkavität mit dem Systemtechnikprototyp 2 zu realisieren. Des Weiteren ist für den Prozess der WBH keine Pulverzufuhr nötig. Daher kann die Pulverdüse beim Systemtechnikprototyp 3 entfallen.

Zum Erlangen eines funktionstüchtigen Systemtechnikprototyp 3 ist die Gestaltung des Systemtechnikprototyp 2, wie im Folgenden erläutert, hinsichtlich folgender Merkmale anzupassen:

- Umlenkspiegel
- Trägerarm 1 für Umlenkspiegel
- Schutzgasdüse

Der Systemtechnikprototyp 3 (Abbildung 7-1) ist ebenfalls aus drei mittels PBF-LB/M gefertigten Komponenten aufgebaut. Diese sind die Basis, der Trägerarm 1 für den Umlenkspiegel sowie der Trägerarm 2 für die Schutzgasdüse. Umlenkspiegel und Schutzgasdüse werden konventionell hergestellt.

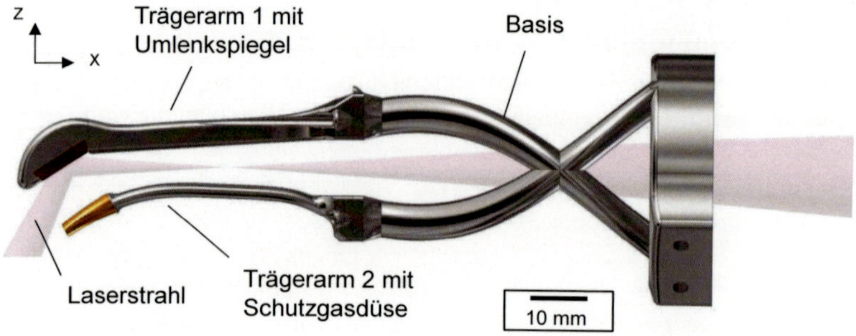

Abbildung 7-1: CAD-Modell des Systemtechnikprototyp 3 mit eingezeichnetem Laserstrahl.

Für den Umlenkspiegel (siehe Abbildung 7-2) werden eine Breite von 9 mm und eine Länge von 10 mm gewählt, um am Bearbeitungsort den erforderlichen Laserstrahldurchmesser von 9 mm zu realisieren. Die Breite von 9 mm entspricht dabei der Mindestbreite.

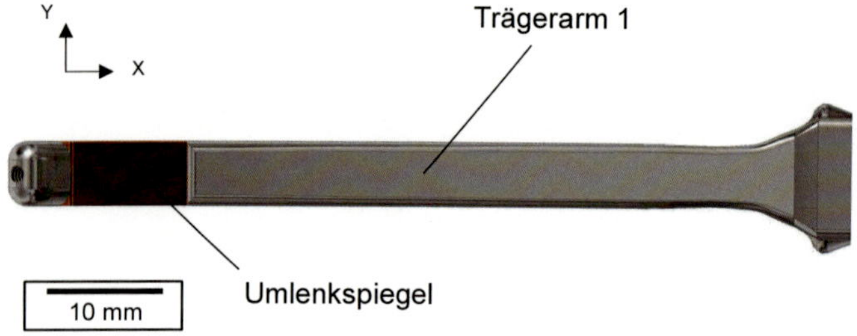

Abbildung 7-2: Trägerarm 1 (grau) mit Umlenkspiegel (kupferfarben).

Daraus folgt, dass der Trägerarm 1 für den Umlenkspiegel (Abbildung 7-3) entsprechend angepasst werden muss, um den Umlenkspiegel aufzunehmen. Der Trägerarm 1 hält den Umlenkspiegel in einem Winkel von 58° formschlüssig über eine Schwalbenschwanzgeometrie (Abbildung 7-3).

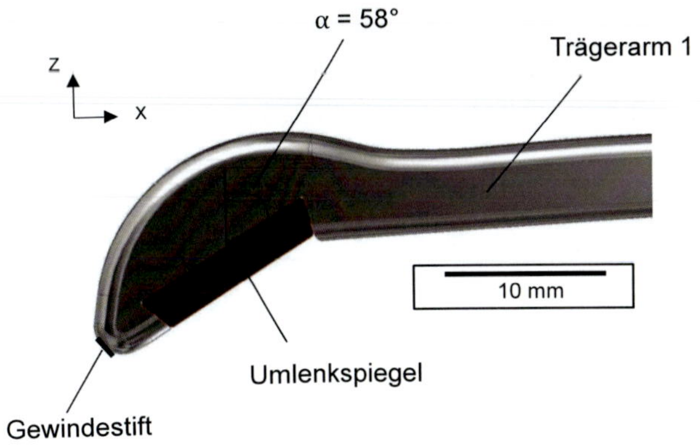

Abbildung 7-3: Trägerarm (Ausschnitt) für Umlenkspiegel mit Einstrahlwinkel α = 58°.

Durch die Abmaße des Laserstrahls zwischen Spiegel und Bearbeitungsort muss die Schutzgasdüse um ca. 8 mm gekürzt werden, damit eine Kollision der Schutzgasdüse mit dem Laserstrahl vermieden wird. Die modifizierte Schutzgasdüse ist in Abbildung 7-4 dargestellt.

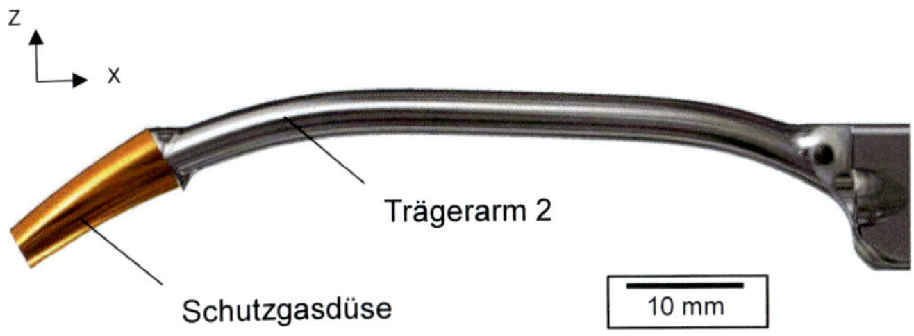

Abbildung 7-4: Trägerarm 2 mit modifizierter Schutzgasdüse.

Die Fertigung der modifizierten Komponenten sowie der Zusammenbau des Systemtechnikprototyp 3 erfolgen analog dem Vorgehen in Kapitel 6. In Abbildung 7-5 ist der fertig montierte Systemtechnikprototyp 3 dargestellt.

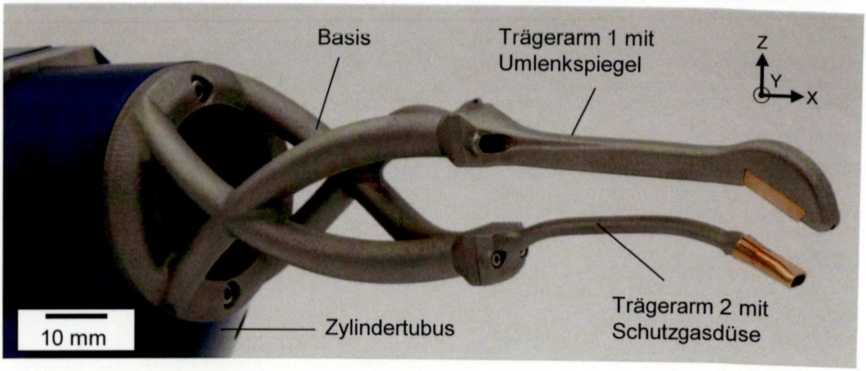

Abbildung 7-5: Fotografische Aufnahme des Systemtechnikprototyp 3 zum minimalinvasiven Funktionalisieren.

7.2 Verfahrensentwicklung Funktionalisierung

Ziel der Verfahrensentwicklung ist die Ermittlung eines Verfahrensparametersatzes, mit dem eine möglichst hohe Härtesteigerung in der Beschichtung nach der lokalen Funktionalisierung erreicht wird. Diese Untersuchungen basieren auf der Annahme, dass die Härte von Alloy 718 mit zunehmender Zugfestigkeit steigt (vgl. Kapitel 2.3.3). Für die Abschätzung eines Prozessfensters für die Entwicklung der LWBH wird neben den im Stand der Technik beschrieben Erkenntnissen von Rielli et al. [Rie21] ein Zeit-Temperatur-Härte-Diagramm für ‚spray formed' Alloy 718 aus der Publikation von Azadian et al. [Aza01] als Grundlage genutzt. Im Zeit-Temperatur-Härte-Diagramm (siehe Abbildung 12-12) ist die erzielte Härte in Bezug zur Auslagerungsdauer und Temperatur aufgetragen. Die angestrebte Einwirkdauer der LWBH sollte deutlich unter der eines Ofen-Prozesses (vgl. Tabelle 2) liegen und wird im Bereich von 6 Minuten bis 60 Minuten angesetzt. Daraus ergibt sich aus Abbildung 12-12 ein Temperaturbereich von etwa 680–800 °C, um eine Härte von bis zu 360 HV zu erreichen. Zur Ermittlung geeigneter Verfahrensparameter für die Funktionalisierung von Flachproben und Zugproben werden Simulationen der induzierten Temperatur-Zeit-Zyklen durchgeführt (siehe Anhang 12.13). Versuche an Flachproben dienen zur Überprüfung der ermittelten Verfahrensparameter und erreichten Härten.

7.3 Funktionstest und Versuche an Flachproben

Für den Umlenkspiegel wird ein Standfestigkeitsversuch durchgeführt. Hierzu wird die in Abbildung 7-6 dargestellte Versuchsanordnung verwendet.

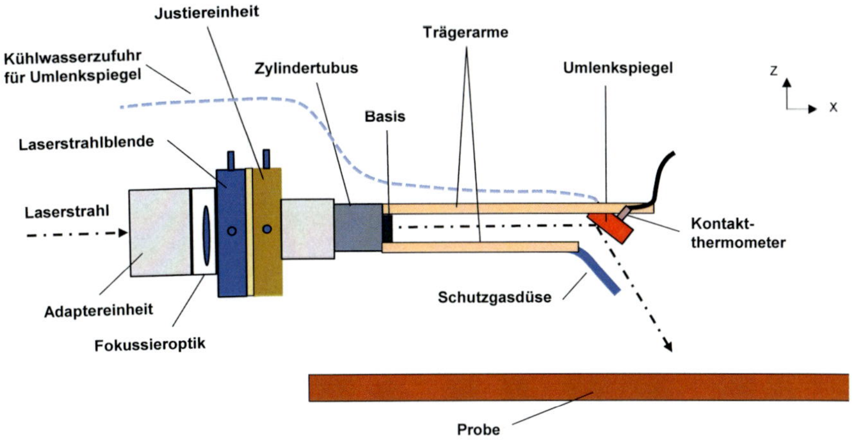

Abbildung 7-6: Schematische Darstellung des Versuchsaufbaus für Funktionstests des Systemtechnikprototyp 3.

Hierzu werden folgende Verfahrensparameter genutzt:

- Laserleistung: $P_L = 200$ W
- Prozessgeschwindigkeit: $V_P = 1$ mm/min
- Kühlwasservolumenstrom für Spiegelkühlung: $V_K = 50$ ml/min

Mit einer Laserleistung von 200 W wird für eine Dauer von 60 min eine Flachprobe laserwärmebehandelt. Die Spiegeltemperatur beträgt während der Dauer des Versuches maximal 70 °C. Auf Basis des Standfestigkeitsversuches kann der Systemtechnikprototyp als funktionstüchtig für die LWBH einer mittels DED-LB/M aufgebrachten 60 mm langen Beschichtung angesehen werden.

Die für die Versuche genutzten Flachproben haben die Abmaße von 40 mm x 70 mm und Stärken von 0,75 bis 3 mm. Die Flachproben weisen jeweils drei rechteckige Beschichtungen mit den Abmaßen 9 mm x 30 mm auf. Die Schichtdicken betragen 0,75 bzw. 1,5 mm. Hierzu werden die in 5.7 ermittelten Verfahrensparameter verwendet.

Für die lokale LWBH wird ein Laserspotdurchmesser von 9 mm eingestellt, der die gesamte Breite der Beschichtung abdeckt, um so eine möglichst homogene Aufheizung des zu bearbeitenden Bereiches zu erreichen. Durch diese Anordnung und ein Verfahren des Laserstrahls während des Prozesses von 0,5 mm bis 1 mm pro Minute soll im Material die Ausscheidungshärtung ablaufen, um die Festigkeit zu erhöhen. Die Prozesskontrolle erfolgt über ein Kontaktthermometer ‚Fluke 54' (Fluke Deutschland GmbH, Glottertal, Deutschland) und eine Thermokamera ‚ImageIR

7350‘ (InfraTec GmbH, Dresden, Deutschland), die die Temperatur der Probe auf der Probenrückseite (vgl. Abbildung 7-7) messen. Die Probensegmente werden so in eine Halterung eingespannt, dass der Laserstrahl aus Richtung X auf das Probensegment einstrahlt. Abbildung 7-7 zeigt die schematische Darstellung des Versuchsaufbaus mit der Fokussieroptik auf der linken Seite sowie Kontaktthermometer und Thermokamera auf der rechten Seite der beschichteten Flachprobe.

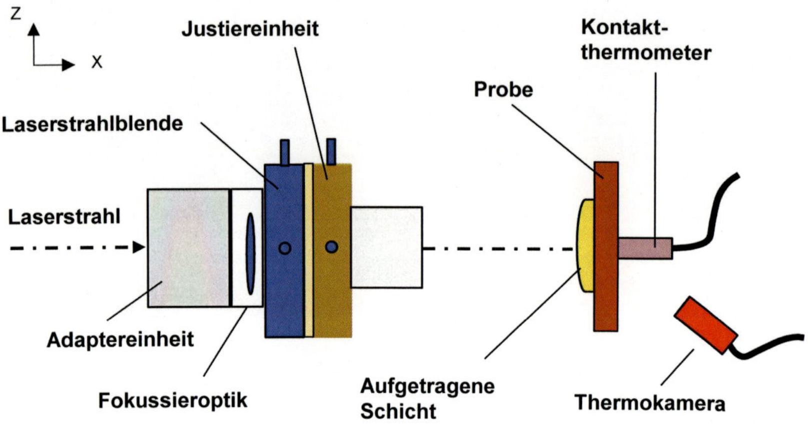

Abbildung 7-7: Schematische Darstellung des Versuchsaufbaus zur Funktionalisierung.

Basierend auf der Simulationsanalyse werden LWBH-Versuche mit 0,5 mm/min Vorschubgeschwindigkeit an drei Proben durchgeführt. Die dafür genutzten Verfahrensparameter sind in Tabelle 11 aufgelistet.

Tabelle 11: Aufstellung der zum Funktionalisieren genutzten Verfahrensparameter.

Probe Nr.	d_L [mm]	P_L [W]	V [mm/min]	t_P [mm]	t_S [mm]
1	9	70	0,5	0,75	0,7
2	9	65	0,5	1	0,7
3	9	65	0,5	3	0,7

Im Folgenden wird der Ablauf der Auswertung anhand der Probe 2 erläutert, da der Ablauf für alle Proben der Untersuchung identisch ist. Aus Probe 2 werden drei Querschliffe (A, B und D) gewonnen und Härtemessungen durchgeführt (vgl. Kapitel 4.4.1 und 4.4.5).

Die Lage der aus Probe 2 gewonnenen drei Querschliffe ist in Abbildung 7-8 dargestellt.

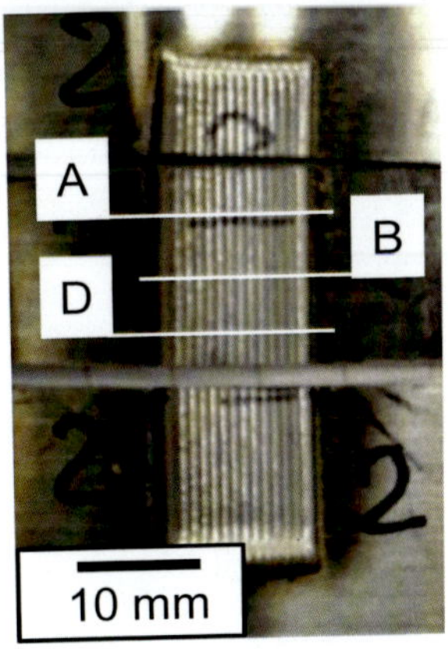

Abbildung 7-8: Lage der Querschliffe A, B und D in Probe 2; fotografische Aufnahme.

Härteverläufe der drei Querschliffe A, B und D werden gemeinsam in Abbildung 7-9 dargestellt und die gemittelte Härte wird gebildet.

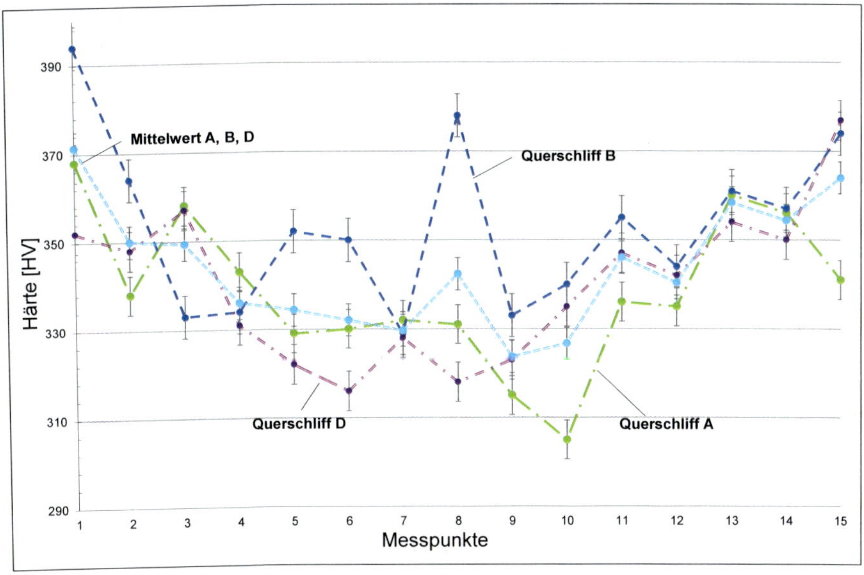

Abbildung 7-9: Auswertung der Härtemessungen für Probe 2, Querschliffe A, B & D.

In Abbildung 7-10 sind die Härtewerte der Proben 1, 2 und 3 sowie die nicht wärmebehandelten Proben 3* und 4* dargestellt. Für jede Probe ist der Verlauf der gemittelten Härtewerte (Strichlinie) dargestellt.

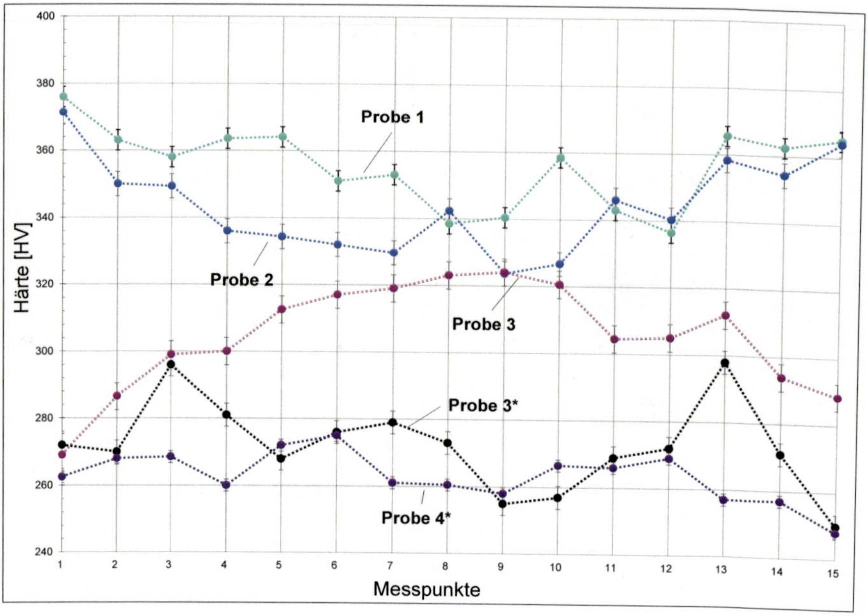

Abbildung 7-10: Gemittelte Härteverläufe der Proben mit Funktionalisierung: 1–3, gemittelte Härteverläufe der Proben ohne Funktionalisierung: 3* & 4*.

In der Mitte des Probenquerschnitts fällt die Härte bei Probe 2 auf 330 HV und bei Probe 1 auf 340 HV ab. Ursache hierfür ist die gaußförmige Intensitätsverteilung des Laserstrahls. Da der Mittelpunkt des Laserstrahls mittig auf der Probe positioniert ist, treten dort die höchsten Temperaturen auf, die zum Rand der Beschichtung abfallen. Die entstehende Temperaturverteilung kann über die Thermokamera beobachtet werden. In der Mitte tritt somit eine Überhitzung auf, die zu einem Abfall der Härte führt. Die maximal gemessene Temperatur der Probe 2 von 750 °C ist höher als der bei Probe 1 (720 °C), wodurch die im Vergleich zu Probe 1 geringere Härte erklärt werden kann. Bei der funktionalisierten Probe 3 (3 mm Grundmaterial) ist der Härteverlauf im Vergleich zu Probe 1 und 2 umgekehrt (vgl. Abbildung 7-10). Die Härtewerte in der Mitte sind größer als am Rand. Durch die von der Probenmitte aus abnehmende Laserstrahlintensität und den stärkeren Wärmeabfluss kommt es seitlich zu einer weiteren Reduzierung der Härte. Die Ergebnisse zeigen eine Tendenz für die ermittelten Härten und Temperaturen analog dem Zeit-Temperatur-Härte-Diagramm von [Aza01]. Ebenfalls werden zwei Proben ohne Funktionalisierung vermessen, um eine direkte Vergleichbarkeit der erreichten Härtewerte im Rahmen der Verfahrensentwicklung zu gewährleisten. Dazu werden ein nicht laserwärmebehandelter Bereich der Probe 3* (3 mm Grundmaterial) sowie die DED-LB/M-Probe 4* auf 1 mm Grundmaterial ohne Funktionalisierung ausgewertet. Die erzielten Härtewerte liegen im Mittel bei 270 HV. Die höchsten Härtewerte werden bei Probe 1 (0,75 mm Grundmaterial) mit einer Härte von ~360 HV im Mittel in einem Temperaturbereich von 680°C bis 720 °C erzielt. Das entspricht einer Härtesteigerung durch die Funktionalisierung von ca. 270 HV auf bis zu 360 HV bzw. von 33 %. Die nicht funktionalisierten Proben W1 bis W5 weisen im Mittel Härten von ~300 HV im DED-LB/M-Material auf.

7.4 Herstellung von Materialprüfproben

Für die Zugprüfung wird die Zugprobengeometrie aus Abbildung 6-19 verwendet, wobei die Probendicke 3 mm beträgt. Der definierte Umfang an Zugproben, die sowohl bei RT als auch bei ET getestet werden, ist in Tabelle 12 dargestellt.

Tabelle 12: Zugproben, bestehend aus 100 % Grundmaterial, 100 % DED-LB/M-Material sowie 1/3 DED-LB/M-Material und 2/3 Grundmaterial in Abhängigkeit der WBH und Prüftemperatur.

Beschreibung Probe	Funktionalisiert	Prüftemperatur/Anzahl	
		20 °C	500 °C
100 % Grundmaterial (gewalzt)	Ja (WBH)	3	3
100 % DED-LB/M	Nein	3	-
100 % DED-LB/M	Ja (LWBH)	3	-
100 % DED-LB/M	Nein	-	3
1/3 DED-LB/M 2/3 Grundmaterial	Nein	-	6
100 % DED-LB/M	Ja (LWBH)	-	3
1/3 DED-LB/M 2/3 Grundmaterial	Ja (LWBH)	-	12

Der Aufbau der Flachzugproben im Prüfquerschnitt für die Konfiguration mit 1/3 DED-LB/M-Material bzw. 100 % DED-LB/M-Material ist in Abbildung 7-11 dargestellt.

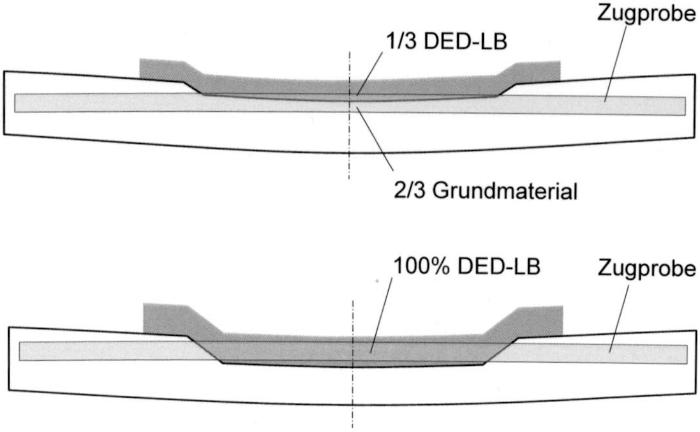

Abbildung 7-11: Oben: Skizze Auslegung Prüfquerschnitt, 1/3 DED-LB/M-Material/Substratanteil, Nuttiefe 1,8 mm. Unten: Skizze Auslegung Prüfquerschnitt, 100 % DED-LB/M-Material, Nuttiefe 3,5 mm.

Im Folgenden wird die Herstellung der Materialprüfproben beschrieben. Durch Fräsen der Außenseiten und Einbringen einer prismatischen Nut werden aus dem Rohmaterial die Zugprobenrohlinge für den DED-LB/M-Materialauftrag gefertigt (Abbildung 7-12). Bei den Nuten werden die beiden Varianten mit Tiefen von 1,8 und 3,5 mm hergestellt. Anschließend wird eine Ofenwärmebehandlung nach [AMS19] durchgeführt.

Abbildung 7-12: Aus Alloy 718 gefertigter Zugprobenrohling mit Nut.

Auf die Proben mit eingefräster Nut wird die Beschichtung mittels DED-LB/M aufgetragen (Abbildung 7-13). Der mehrschichtige Auftrag erfolgt mit den bei der Verfahrensentwicklung in Kapitel 5.7 definierten Verfahrensparametern.

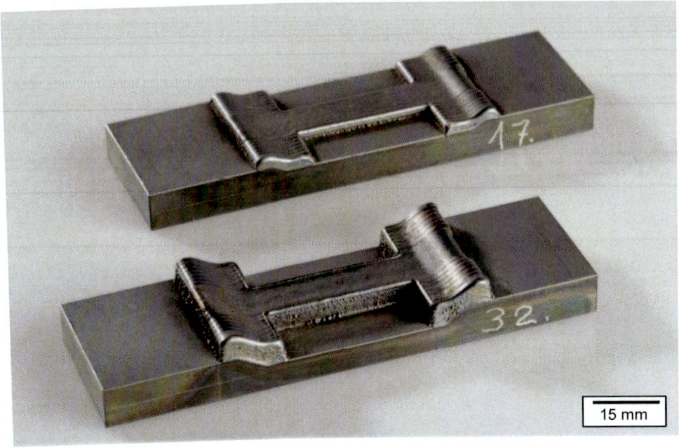

Abbildung 7-13: Beschichtete Zugprobenrohlinge.

Für die Numeric-Control(NC)-Programmierung der einzelnen Beschichtungsspuren wird das Programmiersystem ‚LMDCAM2‘ (Fraunhofer ILT, Aachen, Deutschland) genutzt. Die Beschichtung wird durch parallele Anordnung der Spuren bidirektional in einer I-förmigen Fläche auf den Probenrohling aufgebracht (Abbildung 7-14). Der Materialaufbau erfolgt durch das Übereinanderlegen einzelner Beschichtungen in Z-Richtung.

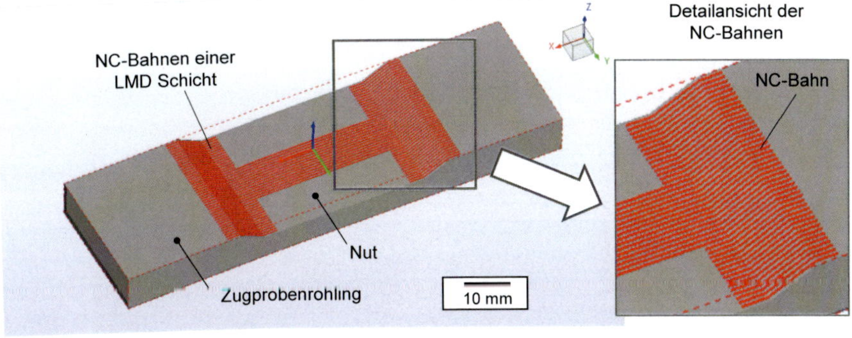

Abbildung 7-14: Skizze der NC-Bahnen der ersten DED-LB/M-Beschichtung auf einem Zugprobenrohling.

Im letzten Schritt vor der LWBH werden aus den beschichteten Zugprobenrohlingen (Abbildung 7-13) durch spanende Fertigung mittels Schleif- und Fräsbearbeitung die Zugproben hergestellt (Abbildung 7-15).

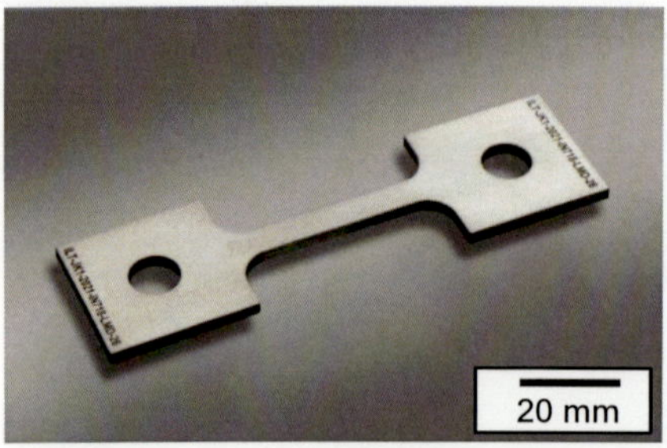

Abbildung 7-15: Zugprobe nach Fertigung auf Fertigmaß.

Als Ergebnis der Simulation wird ein Wert für die Laserleistung der LWBH im Prüfquerschnitt von etwa 60 W gewählt. Zur Überprüfung der simulativ ermittelten Laserleistung wird ein Versuch an einer Zugprobe durchgeführt. Der Versuch zeigt, dass eine Laserleistung im Prüfquerschnitt im Bereich von 48–58 W benötigt wird, um eine Temperatur im Bereich von 680–700 °C einzuhalten. Damit liegt der Wert im Bereich, der durch die Simulation ermittelt wird. Um die Prüfsektion der Probe bis in den Radienbereich abzudecken, wird bei der LWBH eine Strecke von 40 mm (vgl. Abbildung 7-16) auf der Mittellinie der Proben vom Laserstrahl überstrichen. Über die Thermokamera und das Kontaktthermometer (vgl. Abbildung 7-7) wird der für die LWBH vorgesehene Temperaturbereich von 680–700 °C überprüft. Die Laserleistung wird händisch über die Laserleistungssteuerung der Gantry-Anlange nachgeregelt. In Abbildung 7-16 sind Zugproben nach der lokalen LWBH auf der Vorder- und Rückseite abgebildet.

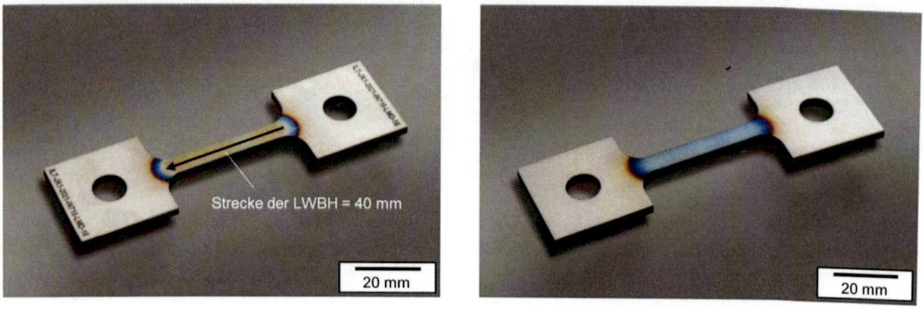

Abbildung 7-16: Zugprobe nach LWBH; links: Vorderseite; rechts: Rückseite.

7.5 Auswertung

In Abbildung 7-17 sind die Ergebnisse der Zugprüfung bei RT = 20 °C dargestellt.

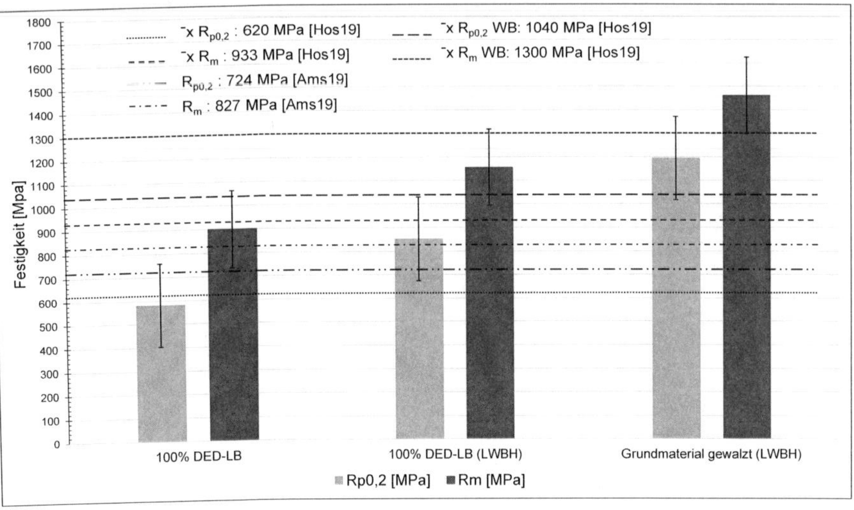

Abbildung 7-17: Ergebnisse der Zugprüfung [$R_{p0.2}$ / R_m] bei RT, Mittelwerte (¯x) aus [Hos19].

Die Ergebnisse der Zugprüfung bei RT zeigen eine Zunahme der Streckgrenze nach LWBH von etwa 32 % für die Zugproben ‚100 % DED-LB/M (LWBH)' im Vergleich zu den Werten für die Zugproben ‚100 % DED-LB/M' ohne LWBH. Ähnliches gilt für die Zugfestigkeitswerte mit einer Zunahme der Zugfestigkeit nach LWBH für die Zugproben ‚100 % DED-LB/M (LWBH)' von etwa 22 % im Vergleich zu den Werten für die Zugproben ‚100 % DED-LB/M' ohne LWBH. Die Werte der Zugproben ‚100 % DED-LB/M (LWBH)' übertreffen die in der Spezifikation von [Ams19] genannten Werte für Zugfestigkeit und Streckgrenze. Porosität und die gröbere Kornstruktur im DED-LB/M-Material als im gewalzten Grundmaterial können Gründe für die schlechteren Materialeigenschaften der Zugproben aus‚100 % DED-LB/M (LWBH)' im Vergleich zu den Zugproben aus ‚100 % Grundmaterial gewalzt LWBH' sein [Gri16, Zha08]. Die Zugproben ‚100 % DED-LB/M (LWBH)' weisen eine Reduktion der Streckgrenze um 18 % und der Zugfestigkeit um 13 % im Vergleich zu den Zugproben mit konventioneller Ofenwärmebehandlung ‚DED-LB/M + Grundmaterial (WBH)' auf (vgl. Abbildung 6-21).

Die erreichten Bruchdehnungen werden in Abbildung 7-18 gegenübergestellt, woraus eine Reduktion der Bruchdehnung nach LWBH von etwa 16 % im Vergleich zu den Werten für die Zugproben ‚100% DED-LB/M' ohne LWBH zu entnehmen ist. Alle Ergebnisse liegen über dem in [Ams19] gegebenen Wert für die Bruchdehnung nach WB von ≥ 5 % sowie über dem Mittelwert (¯x) von 23 % ohne WB und dem Mittelwert (¯x) von 17 % aus [Hos19] mit WB. Die ermittelten Werte für die Bruchdehnung der Zugproben mit WBH liegen im erwartbaren Bereich, der ebenfalls von [Kel06] für DED-LB/M mit Alloy 718 ermittelt wird.

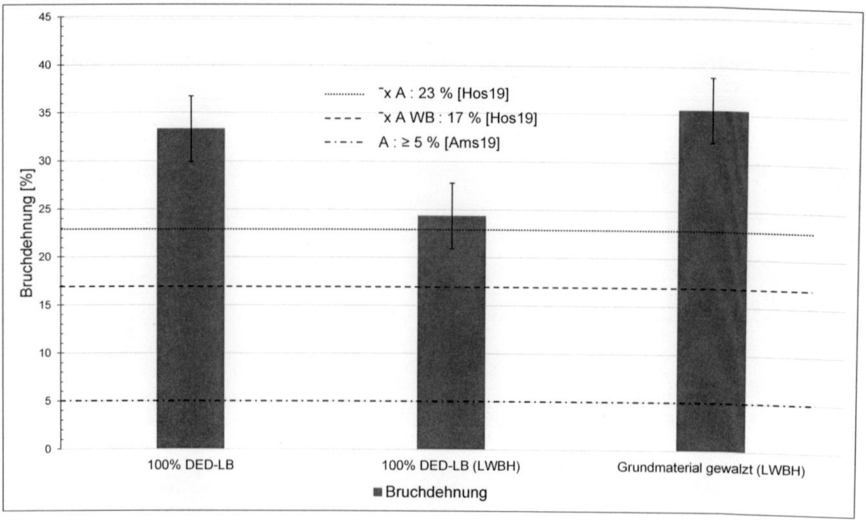

Abbildung 7-18: Ergebnisse der Zugprüfung Bruchdehnung bei RT, Mittelwerte (¯x) aus [Hos19].

In Abbildung 7-19 sind die Ergebnisse der Zugprüfung bei ET = 500 °C dargestellt.

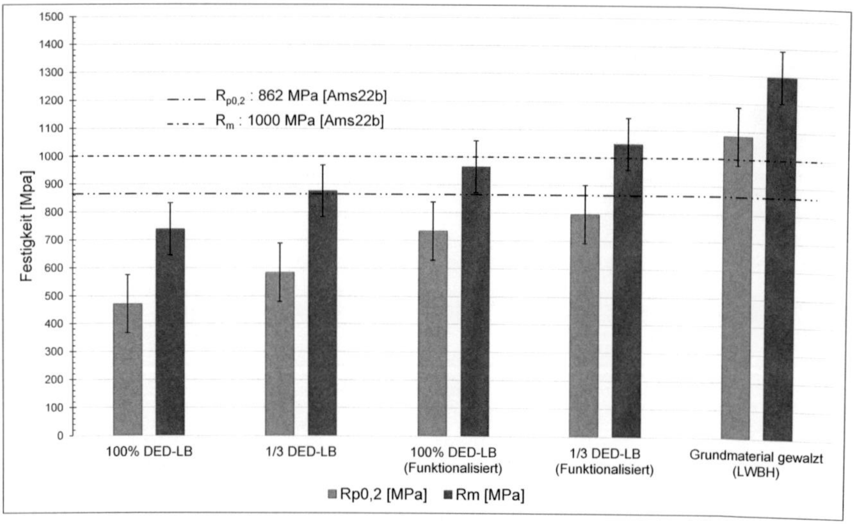

Abbildung 7-19: Ergebnisse der Zugprüfung [$R_{p0.2}$ / R_m] bei ET = 500 °C.

Die Ergebnisse zeigen eine Zunahme der Streckgrenze nach LWBH von etwa 56 % für die Zugproben ‚100 % DED-LB/M (LWBH)' im Vergleich zu den Werten für die Zugproben ‚100 % DED-LB/M' ohne LWBH. Ähnliches gilt für die Zugfestigkeitswerte mit einer Zunahme der Zugfestigkeit nach LWBH für die Zugproben ‚100 % DED-LB/M (LWBH)' von etwa 31 % im Vergleich zu den Werten für die Zugproben ‚100 % DED-

LB/M‘ ohne LWBH. Die Zugproben ‚1/3 DED-LB/M (LWBH)‘ zeigen eine Zunahme der Streckgrenze von 36 % nach LWBH im Vergleich zu den Werten für die Zugproben ‚1/3 % DED-LB/M‘ ohne LWBH. Ähnliches gilt für die Zugfestigkeitswerte mit einer Zunahme der Zugfestigkeit nach LWBH für die Zugproben ‚1/3 % DED-LB/M (LWBH)‘ von etwa 20 % im Vergleich zu den Werten für die Zugproben ‚1/3 % DED-LB/M‘ ohne LWBH. Der sprunghafte Anstieg der Werte für ‚100 % DED-LB/M (LWBH)‘ und ‚1/3 % DED-LB/M (LWBH)‘ im Vergleich zu den nicht funktionalisierten Proben ist auf die Ausscheidungshärtung von γ′- und γ″-Phasen durch die LWBH zurückzuführen [Hos19]. Die Festigkeitswerte der Zugproben ‚100 % DED-LB/M (LWBH)‘ und ‚1/3 DED-LB/M (LWBH)‘ liegen im Bereich der von [Ams22b] genannten Werte bzw. übertreffen diese.

Die erreichten Bruchdehnungen werden in Abbildung 7-20 dargestellt, woraus eine Reduktion der Bruchdehnung nach LWBH von etwa 31–34 % im Vergleich zu den Werten für die DED-LB/M-Zugproben ohne LWBH hervorgeht. Die ermittelten Werte für die Bruchdehnung der Zugproben mit WBH liegen im Bereich des gewalzten Grundmaterials und erfüllen die Anforderungen nach [Ams22b].

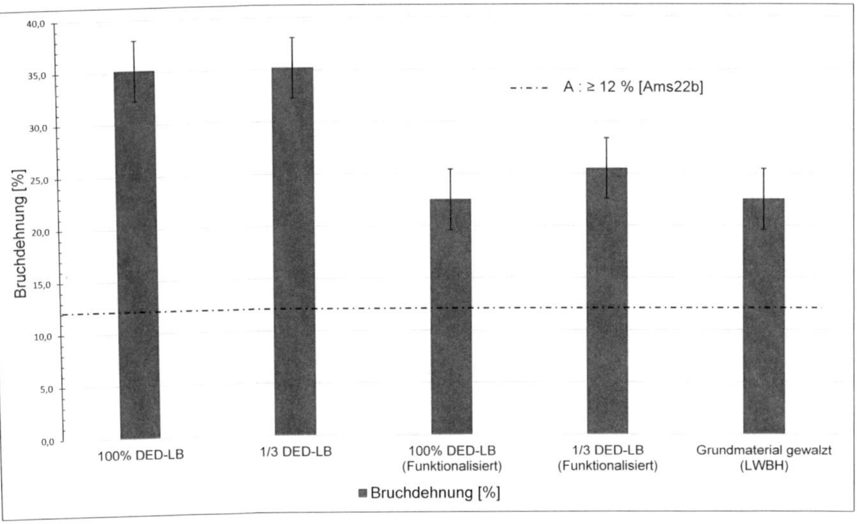

Abbildung 7-20: Ergebnisse der Zugprüfung Bruchdehnung bei ET.

Die Analyse der Bruchflächen für Zugproben (RT = 20 °C und ET = 500 °C) dient zur Beurteilung des Bruchursprungs und des Bruchfortschritts. Hierzu werden die schematischen Darstellungen der duktilen Rissbildung und Bruchentstehung im Anhang 12.14 genutzt. Die Bruchflächenanalysen werden mittels Rasterelektronenmikroskopie an Proben mit einem Verhältnis von 2/3 Grundmaterial zu 1/3 DED-LB/M-Material, getestet bei ET, sowie an 100-prozentigen DED-LB/M-Material-Proben, getestet bei RT sowie ET, durchgeführt. Für die Zugproben mit einem Verhältnis von 2/3 Grundmaterial zu 1/3 DED-LB/M-Material werden exemplarische Ergebnisse gezeigt, da sich die Bruchflächenstrukturen in allen Proben ähnlich darstellen. Beispielhaft sind im Folgenden (Abbildung 7-21, Abbildung 7-22) Bruchflächen von Zugproben mit einem

Verhältnis von 2/3 Grundmaterial zu 1/3 DED-LB/M-Material für RT und ET dargestellt. In Abbildung 7-21 sind duktile Bruchstrukturen (a–c) sowie im Übergangsbereich glatte Abscherflächen (Pfeile in c) zu erkennen; die dunkleren Stellen (Pfeile in a und b) sind entweder Poren, Oxide oder Verunreinigungen auf den Bruchoberflächen.

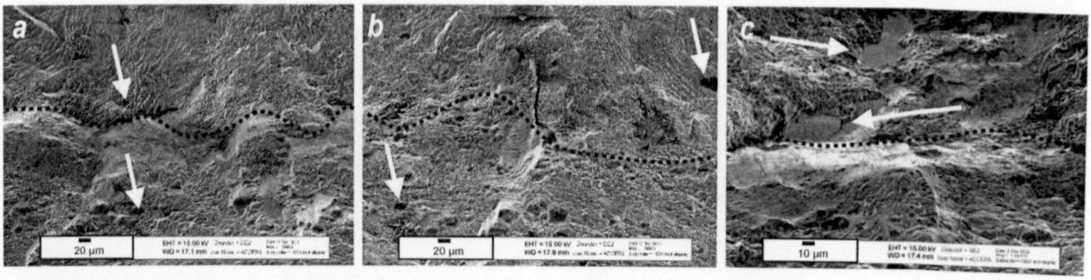

Abbildung 7-21: Bruchoberfläche einer Probe mit einem Verhältnis von 2/3 Grundmaterial zu 1/3 DED-LB/M-Material; RT; jeweils gezeigt sind der Übergangsbereich zwischen Grundmaterial (unten im Bild) und DED-LB/M-Material (oben); die gestrichelten Linien zeigen die Grenze an.

In Abbildung 7-22 a und b sind charakteristische duktile Wabenstrukturen zu erkennen. In Abbildung 7-22 b ist im Zentrum des Bildes ein niob-titanreicher Partikel von wenigen Mikrometern Durchmesser im Grundmaterial (Pfeil) abgebildet. Dunklere Stellen (Pfeile Abbildung 7-22 a) sind Verunreinigungen auf der Probenoberfläche (diffus) oder Poren (begrenzt).

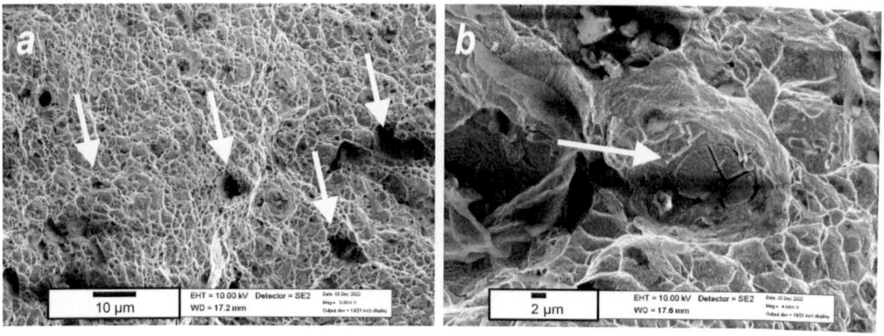

Abbildung 7-22: Bruchoberfläche einer Probe mit einem Verhältnis von 2/3 Grundmaterial zu 1/3 DED-LB/M-Material; ET.

Abbildung 7-23 zeigt einen durchgeführten CT-Scan an einer Zugprobe (ET), bestehend aus 2/3 Grundmaterial und 1/3 DED-LB/M-Material. Die Bruchentstehung ist auf der DED-LB/M-Seite eindeutig an der kleinen Scherlippe im Grundmaterial zu erkennen. Bei allen Proben, die bei ET getestet werden, fällt auf, dass die gesamte Bruchfläche unter einem Winkel von $\approx 45°$ zur Belastungsrichtung abschert (vgl. Abbildung 7-23). In den Proben, die aus 2/3 Grundmaterial und 1/3 DED-LB/M-Material bestehen, ist außerdem immer die Grenze zwischen Grund- und DED-LB/M-Material zu erkennen (siehe Abbildung 7-21). Die Bruchstrukturen sind durchgängig duktil, zu erkennen an den Wabenstrukturen, sowie meist intra- bzw. transgranular. Bei den komplett aus DED-LB/M-Material gefertigten Proben kann eindeutig zwischen den bei RT und ET getesteten Proben unterschieden werden, sodass für beide Fälle Beispiele gezeigt werden.

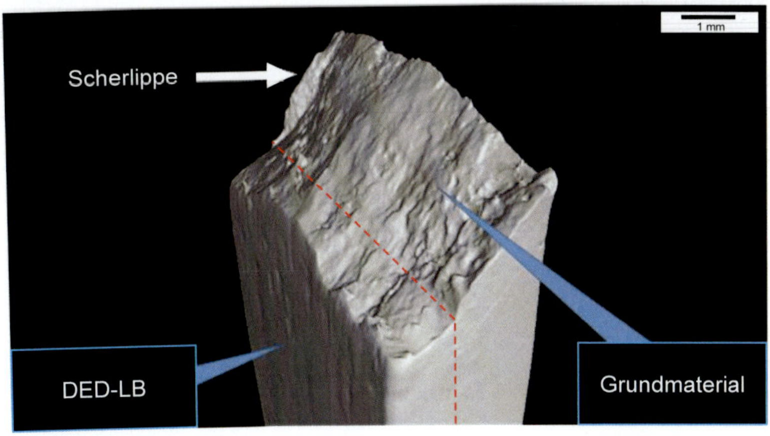

Abbildung 7-23: CT-Scan der Bruchoberfläche einer Zugprobe, bestehend aus 2/3 Grundmaterial und 1/3 DED-LB/M-Material; ET.

Abbildung 7-24 zeigt die Bruchoberflächen einer bei ET = 500 °C getesteten Probe, bestehend aus 100 % DED-LB/M-Material. Die Bruchoberfläche ist charakteristisch für intra- oder transgranulares, duktiles Materialversagen, zu erkennen an den Wabenstrukturen. Ein nicht näher bestimmter Partikel ist mit einem Pfeil gekennzeichnet.

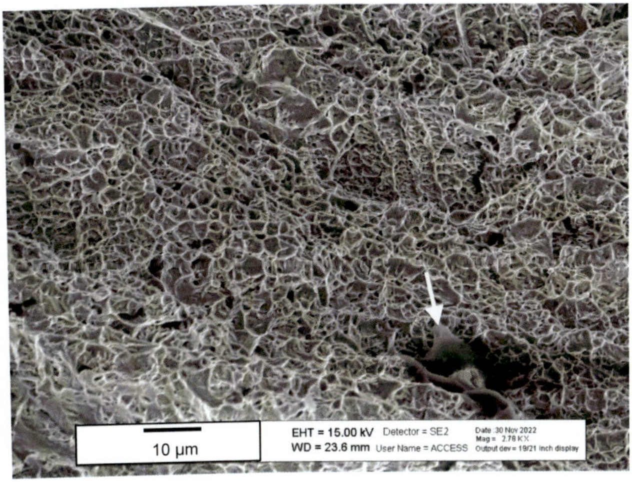

Abbildung 7-24: Bruchoberfläche mit Wabenstruktur einer Probe, bestehend aus 100 % DED-LB/M-Material; ET.

Abbildung 7-25 zeigt eine charakteristische Bruchflächenübersicht für die bei ET getestete Probe, bestehend aus 100 % DED-LB/M-Material. Die Bruchoberfläche ist charakteristisch intragranular. Auch bei stärkerer Vergrößerung (z. B. Abbildung 7-24) sind deutlich intragranulare, dendritische Strukturen zu erkennen. Am Rand der Probe sind die für den duktilen Bruch typischen Materialeinschnürungen (vgl. Abbildung 12-22 und Abbildung 12-23) durch einen Pfeil gekennzeichnet.

Abbildung 7-25: Bruchoberfläche einer Probe, bestehend aus 100 % DED-LB/M-Material; ET; Materialeinschnürung mit Pfeil gekennzeichnet.

Abbildung 7-26 zeigt eine Übersicht einer bei RT getesteten Probe, bestehend aus 100 % DED-LB/M-Material. Die Bruchoberfläche zeigt die typische sogenannte ‚Cup-and-Cone'-Struktur (gestrichelte Umrandung; vgl. Abbildung 12-22), die für intragranulares, duktiles Materialversagen charakteristisch ist [Che17]. Der Bruch setzt im Probenvolumen ein, worauf die Abscherung der oberflächennahen Bereiche unter einem Winkel von 45° folgt.

Abbildung 7-26: Bruchoberfläche einer Probe, bestehend aus 100 % DED-LB/M-Material; RT.

Das Versagen vieler duktiler Materialien kann auf ‚Cup-and-Cone'-Bruchbildung (siehe Abbildung 7-26 und Abbildung 12-22, siehe Anhang 12.14) zurückgeführt werden. Diese Form des duktilen Bruchs tritt nach Beginn der Einschnürung auf. Zunächst bilden sich im Inneren des Materials Mikroporen oder -Hohlräume. Dann setzt sich die Verformung fort und die Mikroporen oder -Hohlräume vergrößern sich, sodass ein Riss entsteht, der sich seitlich zu den Rändern der Probe ausbreitet. Die Rissausbreitung verläuft im 45°-Winkel zur Zugspannungsachse. Das endgültige Scheren der Probe erzeugt eine becherartige Form auf einer Bruchfläche und eine Kegelform auf der angrenzenden Verbindungsbruchfläche, daher der Name ‚Cup-and-Cone'-Struktur (siehe Anhang 12.14). Diese ist in den bei RT getesteten Proben, bestehend aus 100 % DED-LB/M-Material (z. B. Abbildung 7-26), zu erkennen. [Che17]

Bei den bei ET getesteten Proben ist ebenfalls eine 45° orientierte Bruch- oder Abscherfläche, allerdings über die gesamte Bruchfläche hinweg, zu erkennen. Hier hat sich keine ‚Cup-and-Cone'-Struktur ausgebildet. Die in den bei ET getesteten Proben deutlich zu erkennende Bruchoberflächenstruktur lässt sich als ‚Modus 2' des duktilen Bruchs [Luo18] beschreiben und ist in Abbildung 12-23 (siehe Anhang 12.14) dargestellt. Charakteristisch für diese Bruchstruktur sind die auch in den bei ET getesteten Proben, bestehend aus 2/3 Grundmaterial und 1/3 DED-LB/M-Material, sowie den zu 100 % aus DED-LB/M bestehenden Proben zu erkennenden, großflächigen Wabenstrukturen. Zunächst wird das Material eingeschnürt. Es bilden sich Mikrorisse, die fortschreiten und zusammenlaufen, wobei das Material dann oftmals unter einem 45°-Winkel (maximale Schubspannung) zur Hauptnormalspannungsachse abschert. Dieses Abscheren wird in allen bei ET getesteten Proben beobachtet [Luo18].

Die in Abbildung 7-27 dargestellte Bruchoberfläche einer bei RT getesteten Probe ist charakteristisch intragranular und die dendritisch-länglichen Strukturen des DED-LB/M-Materials, die auch von [Li20] beobachtet werden (exemplarisch durch rot gestrichelte Linien hervorgehoben), sind deutlich zu erkennen (a–c). Im Randbereich der Probe (Scherlippen) sind ebenfalls ein intragranularer Bruch und ein Abscheren des Materials (Restbruch) unter einem Winkel von 45° zu sehen (d–f). Auf der Oberfläche in Abbildung 7-27 (a) findet sich außerdem ein nicht aufgeschmolzener Pulverpartikel (Pfeil).

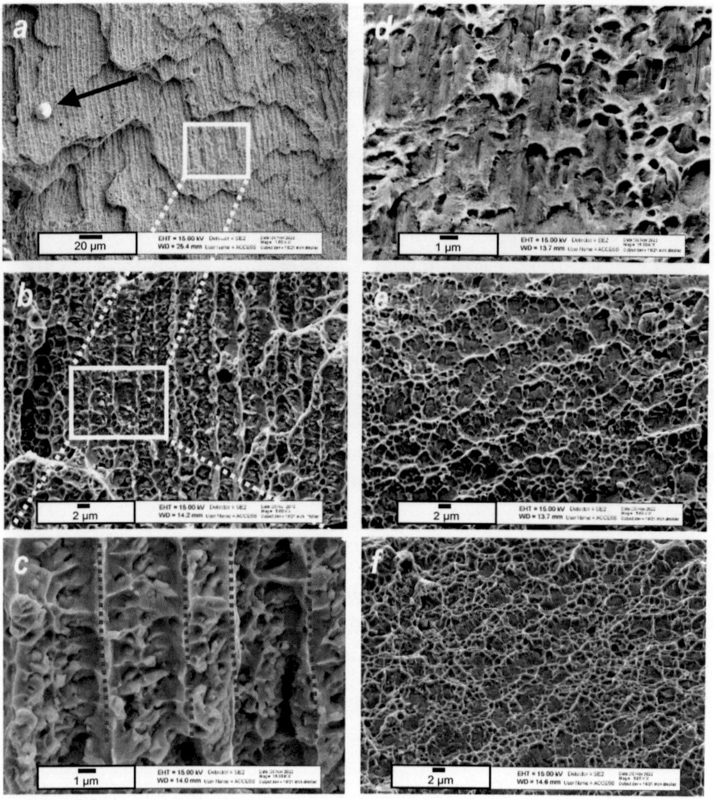

Abbildung 7-27: Bruchflächen bei starker Vergrößerung einer Probe, bestehend aus 100 % DED-LB/M-Material; RT.

Die Bruchflächenanalysen der bei RT und ET getesteten Zugproben ergeben für alle Proben ein duktiles Bruchversagen (Wabenstrukturen). Die bei RT getesteten Proben, bestehend aus 100 % DED-LB/M-Material, zeigen eine ‚Cup-and-Cone'-Makrostruktur der Bruchoberfläche, während die bei 500 °C getesteten Proben eine 45°-Abscherung der gesamten Bruchoberfläche aufweisen. Hierbei treten nach der Entstehung der initialen Hohlraumstrukturen bereits Materialeinschnürungen auf, die das weitere Fortschreiten plastischer Instabilitäten begünstigen. Insbesondere in der Einschnürungszone wachsen die Mikrorisse oder -poren zusammen und lokal tritt Scherbruch auf, der sich unter einem Winkel von 45° zur Hauptbelastungsrichtung fortsetzt. Zusammenfassend liegt in allen Proben der Bruchursprung innerhalb des DED-LB/M-Materials. Bei den hybriden Proben geht der Bruch von der DED-LB/M-Seite aus.

Zur Untersuchung des Gefüges und der erreichten Härtewerte werden an einer Zugprobe, bestehend aus 1/3 DED-LB/M-Material und 2/3 Grundmaterial (vgl. Abbildung 7-28), eine LWBH und anschließend eine metallografische Untersuchung durchgeführt. An der Zugprobe wird kein Zugversuch durchgeführt. Die Herstellung der

Zugprobe, im Folgenden mit S-25 bezeichnet, erfolgt nach dem in Kapitel 7.4 beschriebenen Vorgehen.

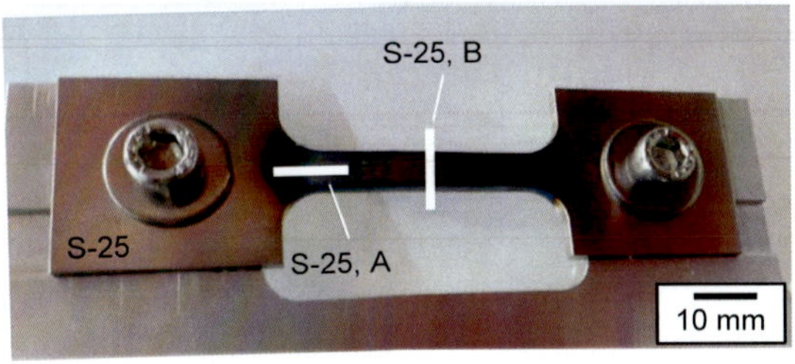

Abbildung 7-28: Zugprobe S-25 mit Lage der Schliffe S-25, A und S-25, B.

Die lichtmikroskopisch untersuchten Gefüge des Querschliffes ‚S-25, B' und des Längsschliffes ‚S-25, A' (vgl. Abbildung 7-29) weisen keine Risse und Anbindungsfehler auf.

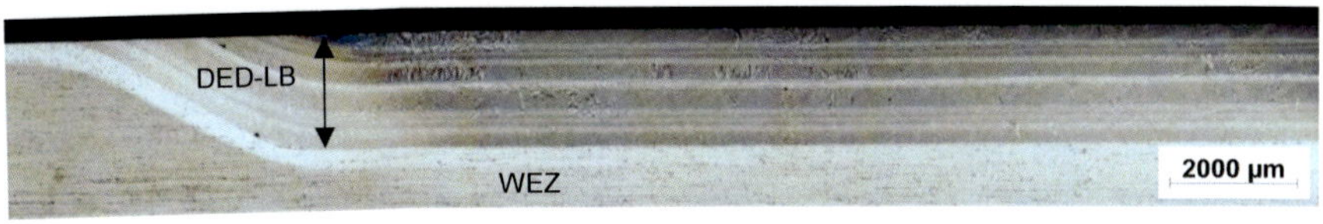

Abbildung 7-29: Ausschnitt aus Längsschliff S-25, A; geätzt.

Die gemessenen Härteverläufe für ‚Probe S-25, B' und ‚Probe S-25, A' sind in Abbildung 7-30 und Abbildung 7-31 dargestellt.

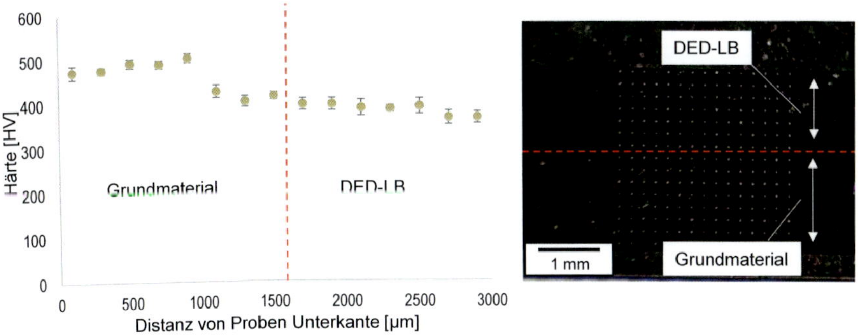

Abbildung 7-30: Härteverlauf über die Höhe der Probe ‚S-25, B'.

In Abbildung 7-30 ist ein Härteabfall innerhalb der letzten ~ 600 µm des Grundmaterials zu beobachten. Eine Abnahme der Härte im Bereich der WEZ kann bereits in den Proben W1 und W2 beobachtet und eingeordnet werden. Darüber hinaus sind die Werte im DED-LB/M-Material nach der LWBH um etwa 25 % (~ 100 HV) höher als in den nicht laserwärmebehandelten Proben W1–W5.

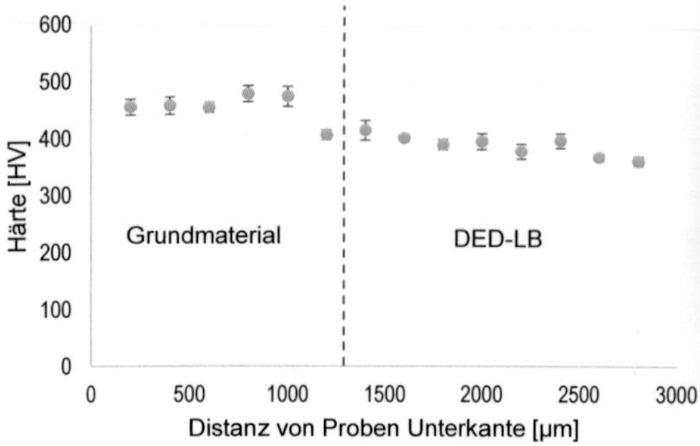

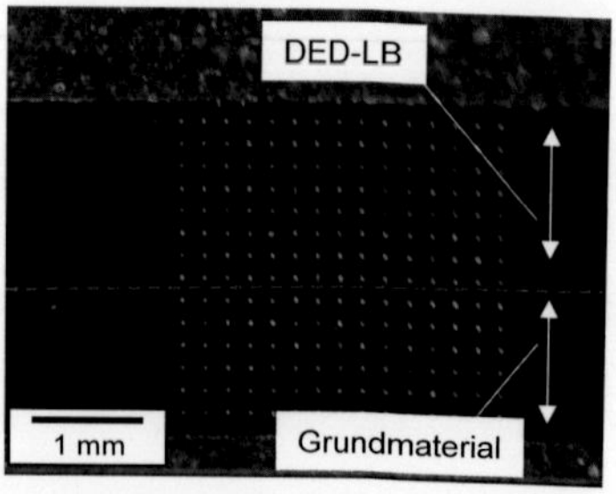

Abbildung 7-31: Härteverlauf über die Höhe der Probe ‚S-25, A'.

In Abbildung 7-31 ist ein Härteabfall (~ 60 HV) lediglich innerhalb der letzten ~ 200 µm des Grundmaterials zu beobachten. Eine Abnahme der Härte im Bereich der WEZ kann bereits in den Proben W1, W2 und der ‚Probe S-25, B' beobachtet werden. Darüber hinaus sind die Werte im DED-LB/M-Material nach der LWBH um etwa 25% höher als in den nicht laserwärmebehandelten Proben. Die Auswertung der durchgeführten Härtemessungen der Proben S-25, A und S-25, B ist im Folgenden dargestellt. Tabelle 13 zeigt eine Zusammenfassung der Ergebnisse, unterteilt nach Grundmaterial und DED-LB/M-Material. Hierbei werden der Mittelwert der Vickers-Härte, die Standardabweichung und die Anzahl der Härteeindrücke angegeben.

Tabelle 13: Zusammenfassung der Ergebnisse der durchgeführten Mikro-Indentationsversuche an den LWBH-Proben ‚S-25, A' und ‚S-25, B' (Grundmaterial und DED-LB/M); gegeben sind jeweils die Mittelwerte aus den Messungen innerhalb des Grundmaterials und des DED-LB/M-Materials.

Proben-Kennzeichnung	Mittelwert Vickers-Härte Grundmaterial +/- Standardabweichung [HV] (Anzahl Härteeindrücke)	Mittelwert Vickers-Härte DED-LB/M +/- Standardabweichung [HV] (Anzahl Härteeindrücke)
S-25, B	461,3 +/- 35,9 (117)	384,7 +/- 17,9 (102)
S-25, A	454,1 +/- 26,8 (89)	384,7 +/- 20,6 (120)

Die Härtewerte im DED-LB/M-Material liegen im Bereich von rund 360–400 HV und erreichen bzw. übertreffen teilweise die in Kapitel 7.3 ermittelten Werte. Im gewalzten Grundwerkstoff liegen die Werte im Bereich von rund 430–490 HV. Die gemittelte Härte im DED-LB/M-Material liegt bei den Proben ‚S-25, A' und ‚S-25, B' im Bereich um 380 HV. Dies entspricht einer Steigerung der Härte um ca. 35 %

gegenüber dem nicht laserwärmebehandelten DED-LB/M-Material der Verfahrensentwicklung.

REM, EDX und EBSD

Durchgeführt werden Gefügeanalysen an den Proben ‚S-25, B' und ‚S-25, A' im REM mit EDX- und EBSD-Mappings, um die vorliegenden Phasen, Kornorientierungen und Elementkonzentrationsverteilungen zu beurteilen. Ebenfalls wird eine den Zugversuchen zugeordnete Zugprobe, im folgenden Zugprobe 23 genannt, analysiert. Die Zugprobe 23, getestet bei ET = 500 °C mit einem Verhältnis von 2/3 Grundmaterial zu 1/3 DED-LB/M-Material mit erfolgter LWBH, wird mittels REM untersucht (Abbildung 7-32).

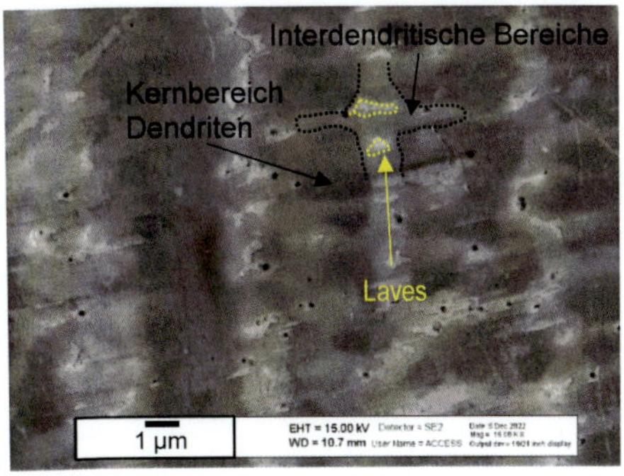

Abbildung 7-32: Hochaufgelöste REM-Aufnahme in der dritten Schweißspur der Zugprobe 23.

Zu erkennen sind Partikel der Laves-Phase (hell) sowie die Seigerung der Elemente Niob, Titan und Molybdän in den interdendritischen Bereichen (ebenfalls heller). Die Kernbereiche der Dendriten sind im Gegenzug nickel-, chrom- und eisenreich (dunkler im BSE-Kontrastbild). Die Laves-Phase tritt interdendritisch auf. Die Größe der Laves-Phase liegt bei 1 bis max. 5 µm (Längsachse), die Partikel liegen vereinzelt und nicht als ‚langkettige Agglomerate' vor.

Abbildung 7-33 zeigt exemplarisch Seigerungen im DED-LB/M-Material (nach LWBH) in der dritten Spur des DED-LB/M-Materialauftrages der Zugprobe 23 mit einem Verhältnis von 2/3 Grundmaterial zu 1/3 DED-LB/M-Material. Ein EDX-Linien-Scan wird durch mehrere Dendriten gelegt und die Elementkonzentrationen werden entlang des Profils gemessen. Der Fokus liegt hierbei auf der Bestimmung des Niob-Gehaltes. Ab einem Niob-Gehalt von ~ 17–20 Gew.-% kommt es zu einer Ausscheidung der Laves-Phase [Ant05, Kum19].

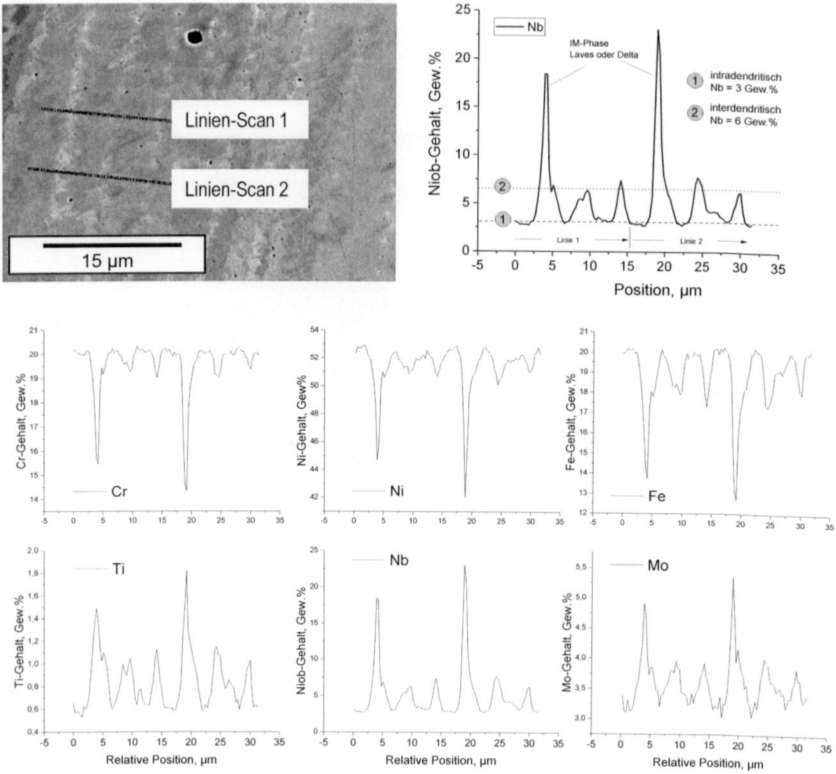

Abbildung 7-33: Oben links: REM-Aufnahme mit markierter Position des EDX-Linien-Scans 1 und des EDX-Linien-Scans 2 durch mehrere Dendriten in der dritten Schweißspur des DED-LB/M-Materialauftrages der Zugprobe 23; oben rechts: Niob-Gehalt. Unten: Elementkonzentration von Ni-, Cr-, Fe-, Ti, Nb und Mo.

Die Elementkonzentrationsverteilungen als Ergebnis der EDX-Linien-Scans durch mehrere Dendriten (Ni-, Cr- und Fe-reich) zeigen die Anreicherung der Elemente Ti, Nb und Mo in den interdendritischen Bereichen (Seigerung). Die Linien-Scans werden im Querschliff im Abstand von 10 µm parallel angeordnet, um denselben Dendriten an mehreren Stellen zu messen. Die Konzentrationen weisen ähnliche Verläufe auf und sind somit repräsentativ für die Elementgehalte in den unterschiedlichen Bereichen. Im intradendritischen Bereich ist mit einem Niob-Gehalt von ~ 3 Gew.-%, im interdendritischen Bereich mit ~ 6 Gew.-% zu rechnen.

Abbildung 7-34, Abbildung 7-35 und Abbildung 7-36 zeigen die Ergebnisse der durchgeführten EBSD- und EDX-Messungen im Bereich der ersten additiv aufgetragenen Schichten und des Wärmeeinflussbereiches im Grundmaterial, um evtl. Einwirkungen des DED-LB/M-Auftrags auf das Grundgefüge zu beobachten (Vergrößerung = 500x; Schrittweite = 0,61 µm; Orientierung B = Querschliff). In Abbildung 7-34 und Abbildung

7-36 sind drei übereinandergelegte Bereiche dargestellt, was einer Gesamthöhe des analysierten Bereichs von 1,4 mm und einer Breite von 625 µm entspricht. Gezeigt sind jeweils der Bandkontrast sowie die IPF-X, -Y- und -Z-Karten (Abbildung 7-35), die EBSD-Pol-Figuren der {100}-, {110}- und {111}-Kristallebenen für die dargestellten Bereiche (Abbildung 7-35) und die per EDX gemessenen Intensitätsverteilungen der Nickel-, Eisen-, Chrom- und Niob-Konzentrationen (Abbildung 7-36).

Abbildung 7-34: EBSD-Mappings über den Übergangsbereich zwischen Grundmaterial und mittels DED-LB/M aufgetragenem Material in der Zugprobe. Der Bandkontrast zeigt z. B. Korngrenzen (dunkler) und die IPF-Karten zeigen die Kristallorientierungsverteilungen relativ zu X, Y und Z an.

Der Übergang zwischen feinkörnigem Grundmaterial mit äquiaxialen Körnern ohne Vorzugsorientierung und den länglichen Körnern des DED-LB/M-Materials ist deutlich zu erkennen. Die Korngröße des DED-LB/M-Materials nimmt mit zunehmender Bauteilhöhe zu. Im oberen Bereich der aufgenommenen Karten, ~ 1 mm oberhalb des Grundmaterials, weist das DED-LB/M-Material eine ausgeprägte Vorzugsorientierung der <001>-Kristallrichtungen auf.

Abbildung 7-35 zeigt die Pol-Figuren der in Abbildung 7-34 dargestellten EBSD-Karten. Abbildung 7-35 zeigt den Übergang von einer fast zufälligen Orientierungsverteilung im unteren Bereich (max. MUD = 3,58), bestehend aus Grundmaterial und der ersten additiv aufgetragenen Schicht, hin zu einer deutlich ausgeprägten Textur (max. MUD = 27,72) im oberen Bereich. In einem Abstand von ~ 700–1200 µm vom Grundmaterial ist eine deutliche Ausprägung der Vorzugsorientierung der {100}-Kristallebenen-Pole zu erkennen.

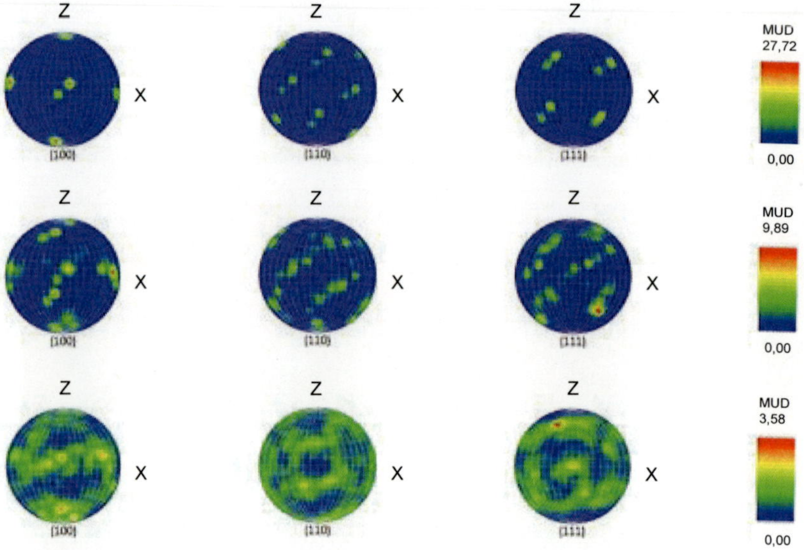

Abbildung 7-35: Contour-Plots der Orientierungsverteilungen der {100}-, {110}- und {111}-Kristallebenen-Pole, entsprechend der in Abbildung 7-34 dargestellten EBSD-Karten.

Abbildung 7-36 zeigt das EDX-Mapping der in Abbildung 7-34 dargestellten EBSD-Analyse. Heller dargestellt sind die Bereiche einer Elementanreicherung und dunkler die der Elementverarmung.

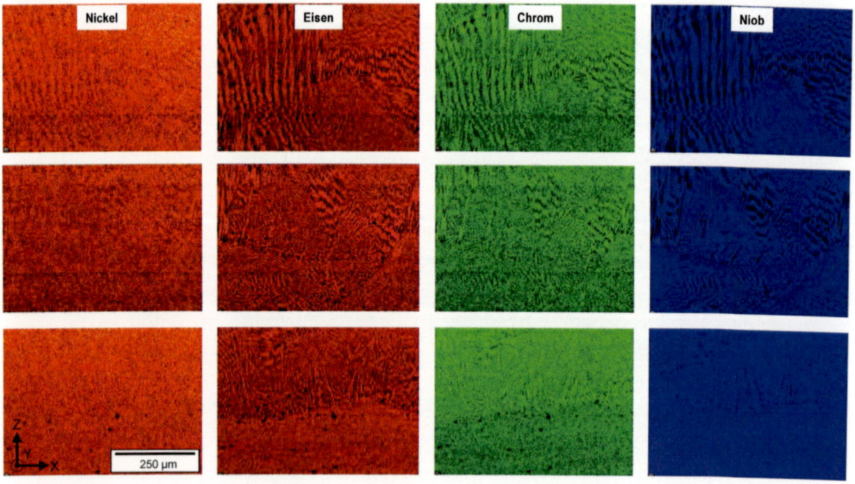

Abbildung 7-36: EDX-Mapping über den in Abbildung 7-34 mittels EBSD dargestellten Übergangsbereich zwischen Grundmaterial und DED-LB/M-Materialauftrag (~ erste drei DED-LB/M-Schichten) in der Zugprobe 23.

Abbildung 7-36 zeigt Nickel-, Eisen- und Chromanreicherung innerhalb der Dendritenarme (zu erkennen an der stärkeren und helleren Einfärbung dieser Bereiche in den Nickel-, Eisen- und Chromverteilungskarten) sowie eine erhöhte Niobkonzentration (Seigerung) in den interdendritischen Bereichen (erscheinen heller in der Niobverteilungsdarstellung). Innerhalb der ersten additiv aufgetragenen Schicht ist die Seigerung wegen der höheren Abkühlgeschwindigkeit [Cav21 S.298 ff.] weniger stark ausgeprägt (geringere Kontraste in den Elementverteilungskarten). Dies bedeutet auch, dass die Elemente für die Bildung der γ'/γ''-Partikel (γ'' = Ni_3Nb und γ' = $Ni_3(Al, Ti)$) verstärkt im interdendritischen Bereich zu finden sind. Hier ist zuerst und verstärkt mit einer Bildung dieser Phasen zu rechnen, wobei ein Teil der Elemente bereits in der Laves-Phase ($(Ni, Fe, Cr)_2(Nb, Ti, Mo)$) gebunden ist (vgl. [Kum20]).

Im Folgenden sind die Ergebnisse der EBSD-Analysen der Proben ‚S-25, B', Orientierung B (Abbildung 7-37–Abbildung 7-41) und ‚S-25, A', Orientierung A (Abbildungen 6.26-6.28) dargestellt. Die Auflösung, i. e. EBSD-Schrittweite, beträgt jeweils 3 µm. Abbildung 7-37 und Abbildung 7-38 zeigen eine ausgeprägte Textur bzw. eine bevorzugte Orientierung der {100}-Kristallebenen, wobei das Maximum parallel zur Y-Achse (Spurversatzrichtung) liegt. Abbildung 7-39 zeigt die Laves-Phase und Abbildung 7-40 Elementkonzentrationen in der Probe ‚S-25, B' (Orientierung B). Abbildung 7-40 zeigt die Ergebnisse eines EDX-Mappings bei 2000-facher Vergrößerung (Schrittweite = 150 nm) und die Verteilung der Legierungselemente (Ni, Fe, Cr sowie Nb, Ti und Mo) in der Probe ‚S-25, B' (Orientierung B). Abbildung 7-41 zeigt die oberste Schicht der Probe ‚S-25, B' und die hier beobachtete Rekristallisation des Materials (vgl. Abbildung 7-41).

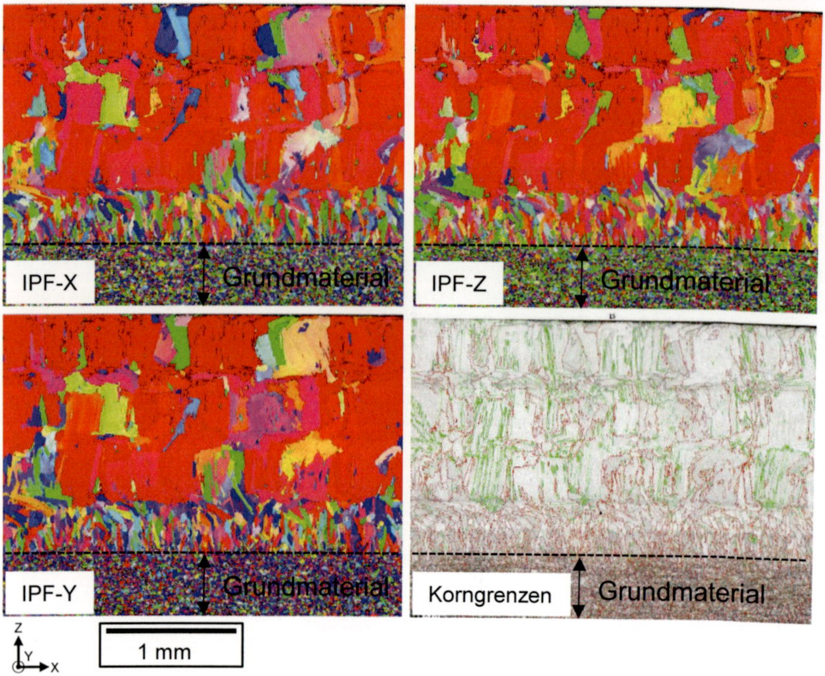

Abbildung 7-37: IPF-X, -Y- und -Z-Orientierungskarten der Proben ‚S-25, B', Orientierung B. Außerdem sind die Korngrenzen, unterteilt in Großwinkelkorngrenzen (Rot > 15° Orientierungsdifferenz) und Kleinwinkelkorngrenzen (Grün = Orientierungsdifferenz 2–15°), dargestellt.

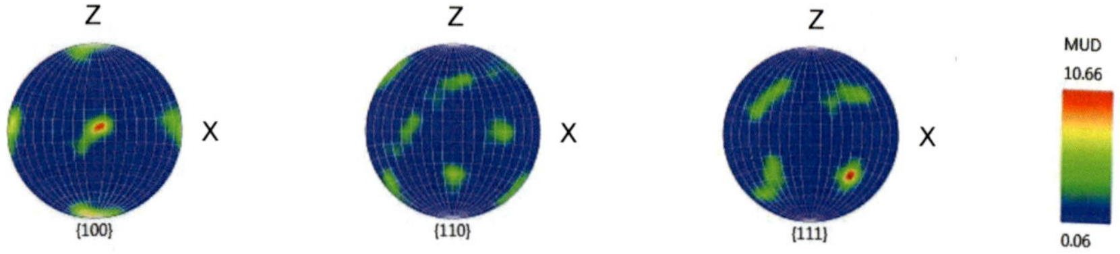

Abbildung 7-38: Orientierungsdichteverteilungen in Form von {100}-, {110}- und {111}-Polfiguren für die Probe ‚S-25, B'.

Die mittels EBSD identifizierten Phasen (vgl. Abbildung 7-39) sind die primäre γ-Phase (austenitisch, fcc) und die Laves-Phase (Ni, Fe, Cr)2(Nb, Ti, Mo).

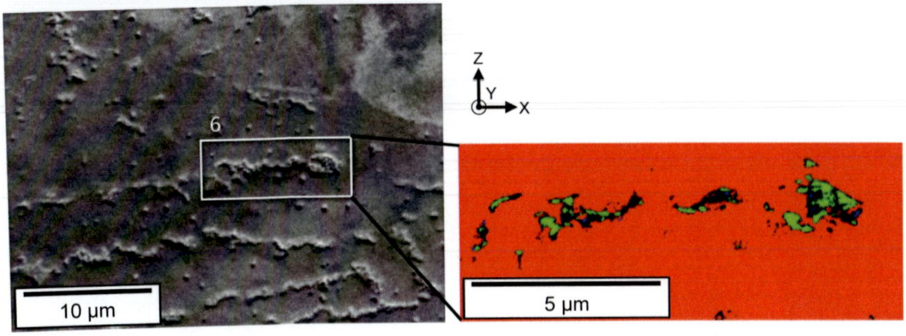

Abbildung 7-39: Links: REM-Aufnahme der dritten Schweißspur der Probe ‚S-25, B'; rechts: Laves-Phase in der Probe ‚S-25, B' (Orientierung B), aufgenommen bei 8840-facher Vergrößerung (EBSD-Schrittweite = 34,5 nm). Ausscheidungen der Laves-Phase (grün) in γ-Matrix (rot).

In Abbildung 7-40 ist die Verteilung der Elemente Nickel (weniger stark ausgeprägt), Eisen und Chrom in den Dendriten (farblich in den Eisen- und Chromverteilungen zu erkennen, siehe Pfeile) und Niob, Titan und Molybdän (ebenfalls nur schwach ausgeprägt, siehe Pfeile) dargestellt. Die interdendritischen Bereiche sind farblich hervorgehoben in den Niob- und Titanverteilungen zu erkennen (siehe Pfeile).

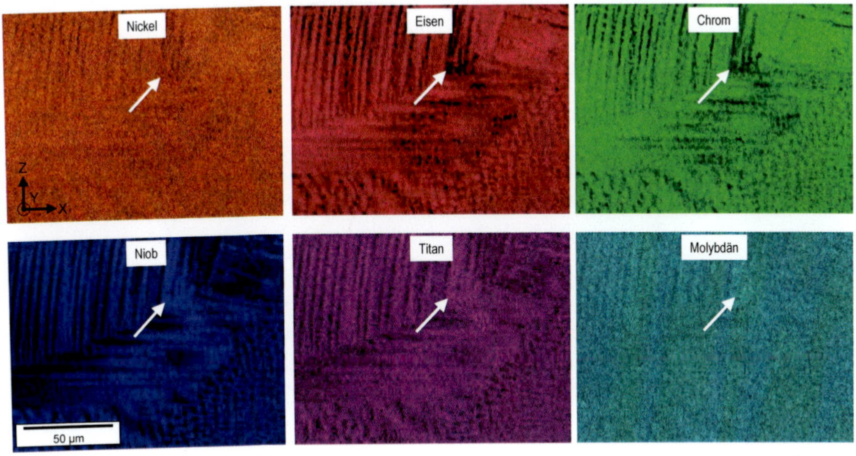

Abbildung 7-40: EDX-Mapping, Probe ‚S-25, B' (Orientierung B), aufgenommen bei 2000-facher Vergrößerung (EBSD-Schrittweite = 150 nm).

Nach der LWBH bleibt bei den untersuchten Proben ‚S-25, B' und ‚S-25, A' sowie der Zugprobe 23 die Seigerung weitgehend erhalten (keine Homogenisierung). Messungen (vgl. Abbildung 7-33) zeigen Nb-Gehalte von rund 3 Gew.-% im Dendritenkern und rund 6 Gew.-% im interdendritischen Raum (nach LWBH). Somit ist mit einer bevorzugten und verstärkten Bildung der γ'/γ''-Partikel in diesem Bereich zu rechnen, da Niob zur Bildung der Phasen benötigt wird, auch wenn ein Teil der benötigten

Elemente bereits durch die Laves-Phase genutzt wird, die bei den derzeit gewählten Temperaturen der LWBH noch nicht aufgelöst wird.

In Abbildung 7-41 ist eine hochaufgelöste REM-Aufnahme der Probe ‚S-25, B' dargestellt. Im Randbereich sind die feinen Körner mit einem Durchmesser von weniger als 1 µm sowie einer äquiaxialen Kornmorphologie, was beides für Rekristallisation spricht, zu erkennen [Liu11b]. Eine Veränderung des Gefüges durch LWBH konnte lediglich innerhalb einer ca. 1,8 µm tiefen Schicht im Randbereich des DED-LB/M-Materials anhand von sehr feinen Körnern (Rekristallisation des Materials) beobachtet werden (siehe Abbildung 7-41). Eine Veränderung des Gefüges durch die LWBH auf der Nano-Skala entzieht sich der REM-basierten Methode. Dies liegt an der zu geringen Größe der zu erwartenden Phasenausscheidungen wie Karbiden, der Delta- sowie Sigma-Phase. γ' und/oder γ'', die laut der Literatur (vgl. [Kum19, Kum20, Rie21]) zu erwarten sind, werden weder im REM (BSE) beobachtet noch mit EBSD oder EDX gemessen. Um eine Veränderung des Gefüges durch die LWBH auf der Nano-Skala abzubilden, wird die Analysemethode ‚Atomsondentomografie' (APT) angewendet (vgl. Abbildung 7-45).

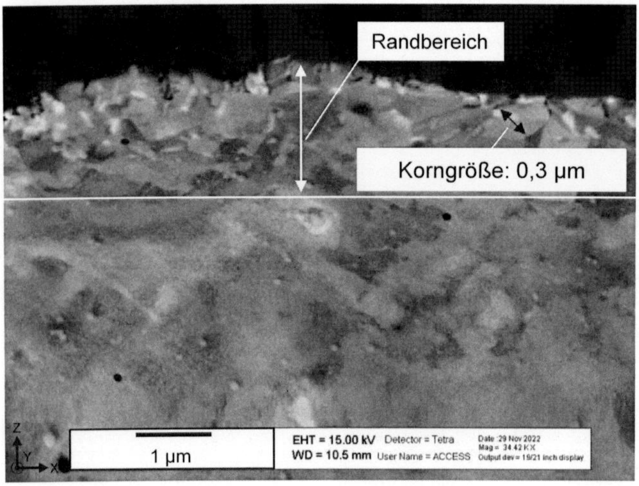

Abbildung 7-41: REM-Aufnahme des Randbereichs der Probe ‚S-25, B' bei 34420-facher Vergrößerung.

Abbildung 7-42 zeigt eine Gefügeübersicht der Probe ‚S-25, A'. Zu erkennen sind das feine Gefüge des Grundmaterials, bestehend aus äquiaxialen Körnern, sowie die länglichen Körner des DED-LB/M-Materials, die mit der Längsachse in Aufbaurichtung orientiert sind und mit zunehmender Aufbauhöhe gröber werden.

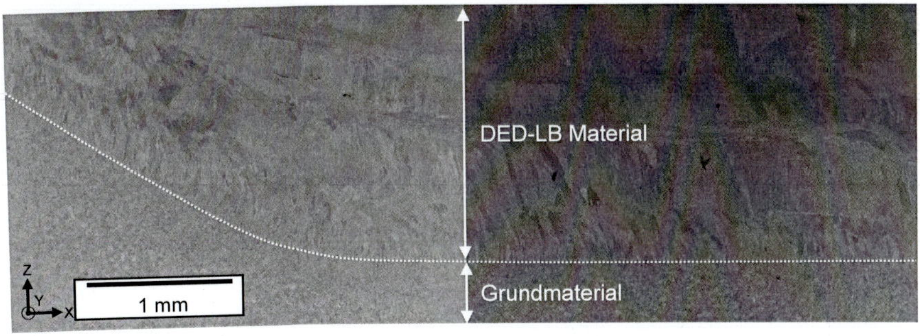

Abbildung 7-42: Übersichtsaufnahmen der Probe ‚S-25, A' (Orientierung A) bei 100-facher Vergrößerung, am Ende der Probe (links) und in Richtung Mitte (rechts) vgl. Abbildung 7-28.

Abbildung 7-43 und Abbildung 7-44 zeigen die Ergebnisse der EBSD-Messung an der Probe ‚S-25, A'. In Abbildung 7-43 ist ein hoher Anteil an Kleinwinkelkorngrenzen (2–15°) im DED-LB/M-Material dargestellt, was für hohe Versetzungsdichten und Eigenspannungen spricht, die durch die LWBH nicht reduziert werden.

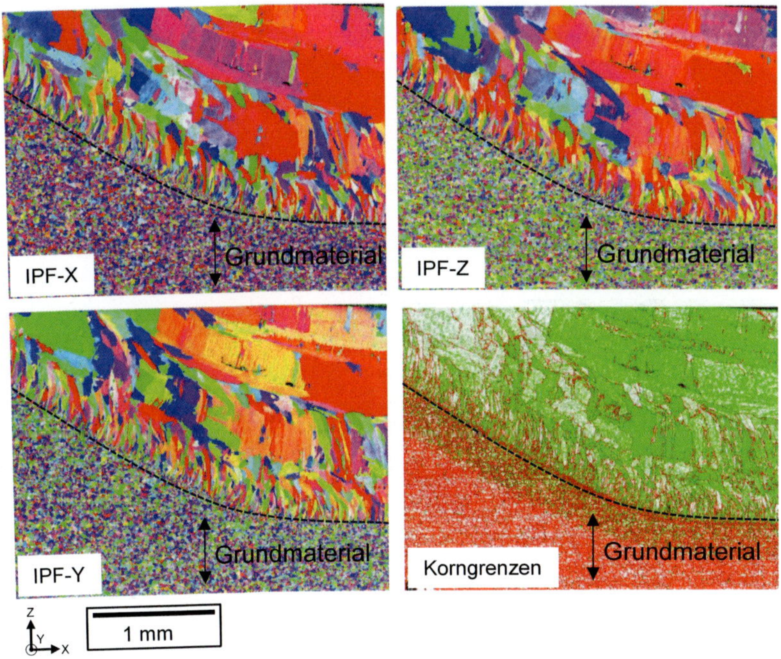

Abbildung 7-43: IPF-X, -Y- und -Z-Orientierungskarten der Probe ‚S-25, A'. Außerdem sind die Korngrenzen, unterteilt in Großwinkelkorngrenzen (Rot > 15° Orientierungsdifferenz) und Kleinwinkelkorngrenzen (Grün = Orientierungsdifferenz 2–15°), dargestellt.

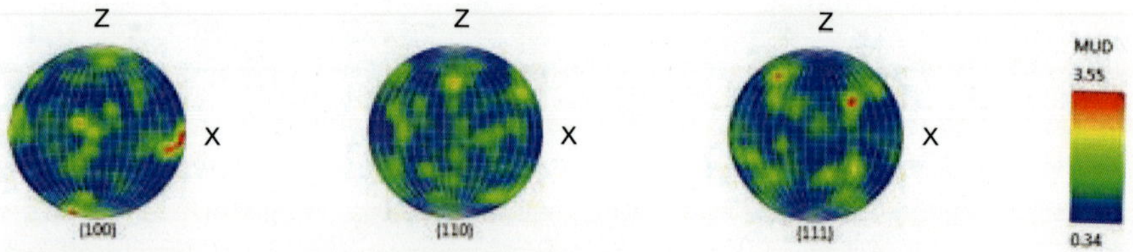

Abbildung 7-44: Orientierungsdichteverteilungen in Form von {100}-, {110}- und {111}-Polfiguren der Probe ‚S-25, A' (Orientierung A).

Der analysierte Bereich (vgl. Abbildung 7-43) der Probe ‚S-25, A' zeigt keine ausgeprägte Textur, ähnlich dem untersten analysierten Bereich in der Zugprobe 23 (siehe Abbildung 7-35), mit einem maximalen MUD von lediglich 3,55 aufgrund des dominierenden Anteils des Grundmaterials innerhalb des analysierten Bereichs. Dennoch ist eine stärkere Ausprägung (höhere Dichte) der {100}-Kristallebenen-Pole zu erkennen. Das Maximum liegt in Laser-Scanrichtung (X-Achse).

In den beiden Proben ‚S-25, B' und ‚S-25, A' ist eine Kornvergröberung von der ersten aufgetragenen Schicht nach oben, i. e. in Aufbaurichtung, zu erkennen. Dies ist eine Folge der Temperaturzunahme in der Probe während des DED-LB/M-Aufbaus. Zudem sind die Körner länglich mit Wachstum in Richtung des stärksten Temperaturgradienten ausgeprägt (vgl. Kapitel 2.3.3). Im DED-LB/M-Material kann die erwartete kolumnare dendritische Erstarrung mit Primärdendritenarmabständen von 2–5 µm beobachtet werden. In den Proben S-25 B, S-25 A sowie der analysierten Zugprobe 23 ist jeweils eine Würfeltextur erkennbar.

Eine Veränderung des Gefüges durch die LWBH auf der Nano-Skala entzieht sich der REM-basierten Methode. Um eine Veränderung des Gefüges durch die LWBH auf der Nano-Skala abzubilden, wird die APT angewendet. Diese Methode dient zur Messung der Zusammensetzung von Ausscheidungen (z. B. γ‘ und/oder γ “), die sich in Superlegierungen unter verschiedenen Bedingungen bilden [Mal22, Mik15, Col20]. Die Zusammensetzung der Ausscheidungen steuert die mechanischen Eigenschaften des auftraggeschweißten und funktionalisierten Materials (vgl. Kapitel 2.3.3). Daher werden analog zum in Kapitel 4.4.4 beschriebenen Vorgehen die Proben APT1 und APT2 aus S-25, A für die Untersuchung mittels APT präpariert und analysiert. Die APT-Rekonstruktionen sind in Abbildung 7-45 dargestellt.

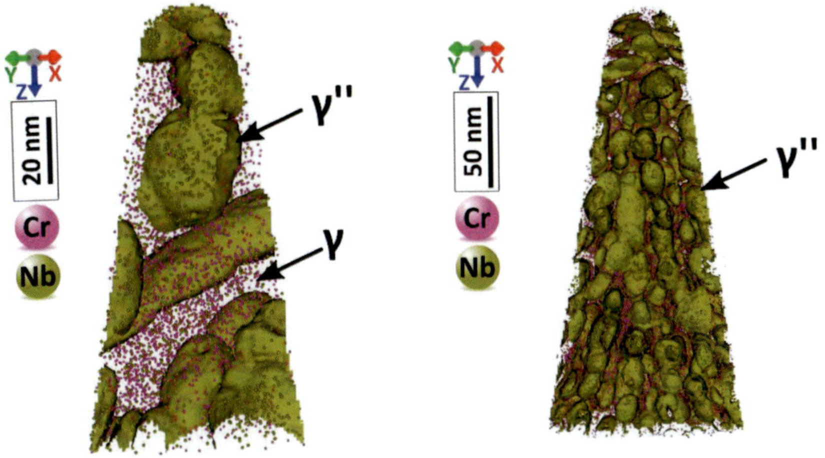

Abbildung 7-45: APT-Rekonstruktionen der Proben APT1 (links) und APT2 (rechts) aus S25 A, die γ''-Ausscheidungen innerhalb einer γ-Matrix zeigen vgl. [Mül24].

In den Proben APT1 und APT2 werden γ"-Ausscheidungen in der γ-Matrix nachgewiesen. Die γ"-Ausscheidungen scheinen nicht vollständig separiert zu sein, was darauf hindeutet, dass ihre Bildung zu diesem Zeitpunkt noch nicht abgeschlossen ist. Laut den Untersuchungen von Theska et al. ist eine höhere Anzahl separierter Partikel erwartbar [The20].

7.6 Zwischenfazit

Bei den Untersuchungen zum minimalinvasiven Funktionalisieren wird der Systemtechnikprototyp 3, der auf dem Systemtechnikprototyp 2 basiert, modifiziert, aufgebaut und einem Funktionstest unterzogen.

Die Simulation der induzierten Temperatur-Zeit-Zyklen dient der Erlangung eines geeigneten Prozessfensters für die Verfahrensentwicklung zum minimalinvasiven Funktionalisieren. Im Rahmen der Funktionstests des Systemtechnikprototyp 3 wird ein Standfestigkeitsversuch durchgeführt. Mit einer Laserleistung von 200 W wird für eine Dauer von 60 min eine Flachprobe laserwärmebehandelt. Auf Basis des Standfestigkeitsversuches kann der Systemtechnikprototyp als funktionstüchtig für die Funktionalisierung einer mittels DED-LB/M aufgebrachten 60 mm langen Beschichtung angesehen werden.

Im Zusammenhang mit der Forschungsfrage wird in diesem Kapitel gezeigt, welche Eigenschaften (Härte, Festigkeit, Gefüge) laserwärmebehandelte Beschichtungen aufweisen. Die Ergebnisse der Verfahrensentwicklung zeigen, dass bei gemessenen Temperaturen der LWBH im Bereich von 680–720 °C die höchsten Härtesteigerungen durch die LWBH erreicht werden. Die erreichten Härtewerte nach der WBH liegen bei der untersuchten Zugprobe S-25 im Mittel bei ~ 380 HV im DED-LB/M-Material. Dies entspricht einer Steigerung der Härte um ca. 35 % gegenüber dem nicht laserwärmebehandelten DED-LB/M-Material der Verfahrensentwicklung.

Die Ergebnisse der Zugprüfung bei RT zeigen eine Zunahme der Streckgrenze nach LWBH von etwa 32 % für die Zugproben ‚100 % DED-LB/M (LWBH)' im Vergleich zu den Werten für die Zugproben ‚100 % DED-LB/M' ohne LWBH. Ähnliches gilt für die Zugfestigkeitswerte mit einer Zunahme der Zugfestigkeit nach LWBH für die Zugproben ‚100 % DED-LB/M (LWBH)' von etwa 22 % im Vergleich zu den Werten für die Zugproben ‚100 % DED-LB/M' ohne LWBH. Die bei RT getesteten Zugproben ‚100 % DED-LB/M (LWBH)' weisen lediglich Reduktionen der Streckgrenze um 18 % und der Zugfestigkeit um 13 % im Vergleich zu den Zugproben mit konventioneller Ofenwärmebehandlung ‚DED-LB/M + Grundmaterial (WBH)' auf.

Die Ergebnisse der Zugprüfung bei ET zeigen eine Zunahme der Streckgrenze nach LWBH von etwa 56 % für die Zugproben ‚100 % DED-LB/M (LWBH)' im Vergleich zu den Werten für die Zugproben ‚100 % DED-LB/M' ohne LWBH. Ähnliches gilt für die Zugfestigkeitswerte mit einer Zunahme der Zugfestigkeit nach LWBH für die Zugproben ‚100 % DED-LB/M (LWBH)' von etwa 31 % im Vergleich zu den Werten für die Zugproben ‚100 % DED-LB/M' ohne LWBH. Die Zugproben ‚1/3 DED-LB/M (LWBH)' zeigen eine Zunahme der Streckgrenze von 36 % nach LWBH im Vergleich zu den Werten für die Zugproben ‚1/3 % DED-LB/M' ohne LWBH. Ähnliches gilt für die Zugfestigkeitswerte mit einer Zunahme der Zugfestigkeit nach LWBH für die Zugproben ‚1/3 % DED-LB/M (LWBH)' von etwa 20 % im Vergleich zu den Werten für die Zugproben ‚1/3 % DED-LB/M' ohne LWBH. Der sprunghafte Anstieg der Werte für ‚100 % DED-LB/M (LWBH)' und ‚1/3 % DED-LB/M (LWBH)' im Vergleich zu den nicht funktionalisierten Proben ist auf die Ausscheidungshärtung von γ'- und γ''-Phasen durch die LWBH zurückzuführen.

Die Bruchflächenanalysen der bei RT und ET getesteten Proben ergibt für alle Proben ein duktiles Bruchversagen (Wabenstrukturen). Die bei RT getesteten Proben, bestehend aus 100 % DED-LB/M-Material, zeigen eine ‚Cup-and-Cone'-Makrostruktur der Bruchoberfläche, während die bei ET getesteten Proben eine 45°-Abscherung der gesamten Bruchoberfläche aufweisen. Zusammenfassend liegt in allen Proben der Bruchursprung innerhalb des DED-LB/M-Materials.

Anhand der aufgenommenen REM-Bilder können keine signifikanten Unterschiede zwischen den analysierten Zugproben innerhalb des DED-LB/M-gefertigten Materials festgestellt werden. In allen Proben werden im DED-LB/M-Material Laves-Phasenausscheidungen beobachtet bzw. gemessen. Diese treten meist als einzelne Partikel mit einer Größe bis zu 2 µm und nicht als ‚langkettige Ausscheidungen' im interdendritischen Bereich auf. Die per EDX ermittelten Elementkonzentrationsverteilungen zeigen, dass noch keine vollständige Homogenisierung des Materials stattgefunden hat. Eine Veränderung des Gefüges durch LWBH kann lediglich innerhalb der wenige Mikrometer tiefen obersten Schicht des DED-LB/M-Materials anhand von sehr feinen Körnern (Rekristallisation des Materials) beobachtet werden. Eine Veränderung des Gefüges durch die LWBH auf der Nano-Skala entzieht sich der REM-basierten Methode.

Durch die Untersuchung mittels APT können in einer Zugprobe γ''-Ausscheidungen innerhalb einer γ-Matrix nachgewiesen werden. Die γ''-Ausscheidungen scheinen nicht vollständig separiert zu sein, was darauf hindeutet, dass deren Bildung zu diesem Zeitpunkt noch nicht abgeschlossen ist.

8 Anwendungsdemonstration

Nach den vorbereitenden und weiterführenden Untersuchungen zum minimalinvasiven DED-LB/M sowie den Untersuchungen zum minimalinvasiven Funktionalisieren wird in diesem Kapitel die Machbarkeit der Übertragung der erlangten Erkenntnisse an einer strukturellen Triebwerkskomponente (vgl. Abbildung 8-1) demonstriert.

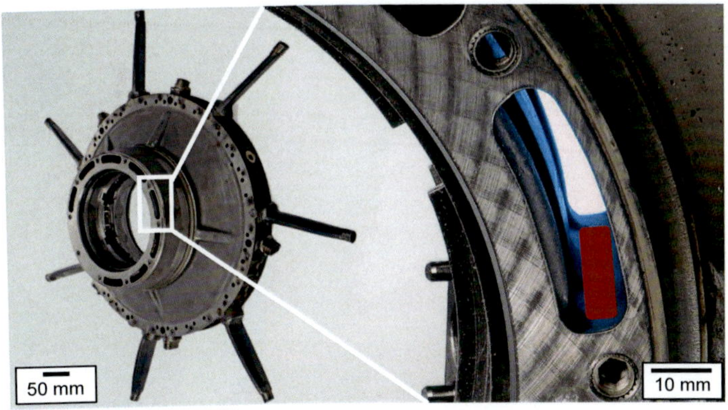

Abbildung 8-1: Links: strukturelle Triebwerkskomponente; rechts: Kavität mit zu beschichtender Fläche (rot).

Für die Demonstration steht die in Kapitel 4.1 beschriebene Anlagentechnik zur Verfügung. Um das Bauteil zu spannen und für den Prozess zu positionieren, sind Ergänzungen zum bisherigen Versuchsaufbau (vgl. Abbildung 6-9) nötig. Das Spannen des Bauteiles und die Positionierung zur Laserstrahlachse erfolgen mittels der in Abbildung 8-2 dargestellten Spannvorrichtung auf dem Bearbeitungstisch der Gantry-Anlage.

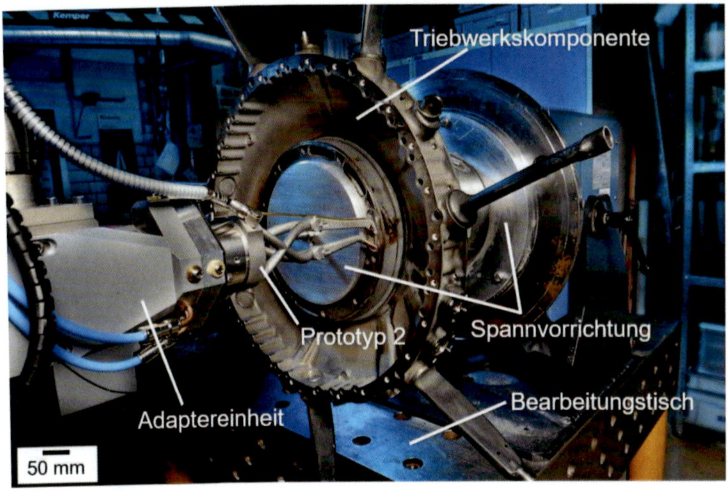

Abbildung 8-2: Gespannte und positionierte Triebwerkskomponente.

Analog dem in Kapitel 6.3 beschriebenen Vorgehen wird eine beschichtete Fläche von 9 mm Breite und insgesamt 120 mm Länge in zwei aufeinanderfolgenden Prozessschritten aus Richtung X+ und X- mit dem Systemtechnikprototyp 2 erzeugt (vgl. Abbildung 8-3 links). Die Beschichtungen weisen eine Überlappung in der Mitte des Bauteils auf (vgl. Abbildung 8-3 rechts).

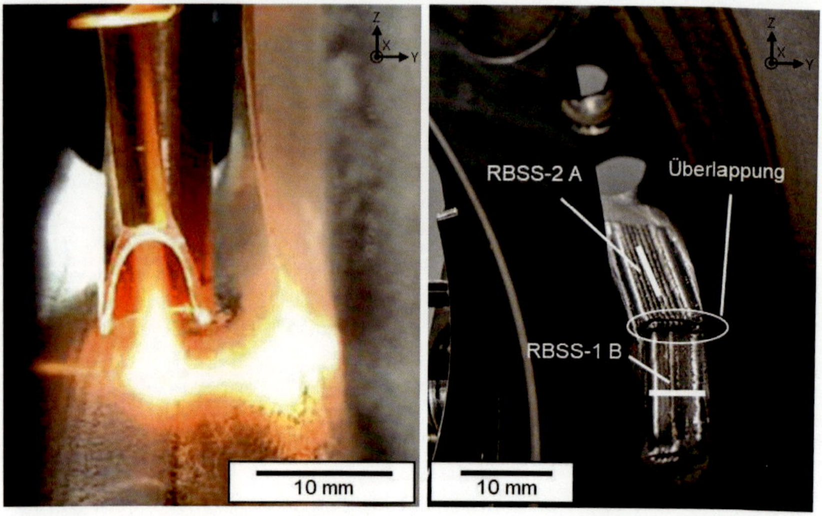

Abbildung 8-3: Links: fotografische Aufnahme während des DED-LB/M-Prozesses; rechts: Funktionalisierte Beschichtung als Ergebnis der Demonstration mit Lage der entnommenen Schliffe.

Die Funktionalisierung (LWBH) des aufgetragenen Volumens wird unter Nutzung des Systemtechnikprototyp 3 durchgeführt. Es gilt, hierbei eine Prozesstemperatur von 680 °C sicherzustellen (vgl. Abbildung 12-19). Hierzu wird fortlaufend die Temperatur über ein Pyrometer ermittelt und die Laserleistung entsprechend geregelt.

Für die metallografische Auswertung wird ein Segment, das den beschichteten Bereich beinhaltet, mittels Drahterodierens aus dem Bauteil entnommen. Aus der aufgebrachten und funktionalisierten Beschichtung werden zwei Proben, ‚RBSS-1 B' als Querschliff und ‚RBSS-2 A' als Längsschliff, präpariert. Die Auswertung der Proben ist im Anhang 12.15 dargestellt.

Im Rahmen der Anwendungsdemonstration wird in Bezug auf die Forschungsfrage gezeigt, dass der minimalinvasive Aufbau rissfreier Beschichtungen mittels pulverbasierten DED-LB/M auf Bereichen mit variierenden Grundmaterialstärken innerhalb von Bauteilen mit Zugangsöffnungen (Höhe ≤ 50 mm, Breite ≤ 10 mm) und die minimalinvasive, laserbasierte Funktionalisierung zur Ausscheidungshärtung des beschichteten Bereichs unter Nutzung der benötigten Systemtechnik für eine industrielle Anwendung erreicht werden können. Bei zwei hochaufgelösten REM-Aufnahmen innerhalb des DED-LB/M-Materials der Probe ‚RBSS-1 B' können im dendritischen Bereich γ'- und γ''-Ausscheidungen detektiert werden. Basierend auf den in Kapitel 7.5 erreichten

Härte- und Festigkeitssteigerungen durch die LWBH ist davon auszugehen, dass eine damit einhergehende Steigerung der Festigkeit der Proben ‚RBSS-1 A‘ und ‚RBSS-1 B‘ stattgefunden hat. Diese Folgerung wird durch den Vergleich der APT-Ergebnisse aus der Verfahrensentwicklung (vgl. Kapitel 7.5) mit den APT-Ergebnissen aus der Demonstration gestützt (vgl. Kapitel 12.15).

9 Zusammenfassung und Ausblick

Trotz hoher Qualitätsanforderungen an die komplexen Herstellungsprozesse im Maschinenwesen, Formenbau und in der Triebwerkstechnik können Bauabweichungen in der Neuteilfertigung nicht vermieden werden. Ebenso unterliegen die oftmals hochpreisigen Bauteile im Laufe ihres Lebenszyklus Verschleißerscheinungen, wodurch ihr bestimmungsgemäßer Einsatz nicht mehr möglich ist. Dies wirkt sich negativ auf die Lebenswegkosten der betroffenen Produkte aus, da neben den hohen Kosten der Bauteile selbst auch Folgekosten aufgrund von Neubeschaffung, Produktionsausfall und vertraglich vereinbarten Verfügbarkeiten zu berücksichtigen sind. Bedingt durch lange Produktlebenszyklen müssen Bauteile und Ersatzteile auch Jahrzehnte nach der Indienststellung am Markt verfügbar sein. Der daraus resultierende Bedarf an Instandsetzungsverfahren für jede Phase des Produktlebenszyklus stellt eine Herausforderung für Herstellungs- und Servicebetriebe dar.

Ziele dieser Arbeit sind der Aufbau rissfreier Beschichtungen mittels pulverbasierten DED-LB/M auf Bereichen mit variierenden Grundmaterialstärken innerhalb von Bauteilen und die minimalinvasive, laserbasierte Funktionalisierung des beschichteten Bereichs, da dieses Verfahren ein bisher nicht erschlossenes Potenzial bei der Instandsetzung von Bauteilen aus dem Werkzeug-, Maschinen- und Triebwerksbau bietet. Im Rahmen dieser Arbeit wird die Forschungsfrage ‚Wie können der minimalinvasive Aufbau rissfreier Beschichtungen mittels pulverbasierten DED-LB/M auf Bereichen mit variierenden Grundmaterialstärken innerhalb von Bauteilen mit Zugangsöffnungen (Höhe ≤ 50 mm, Breite ≤ 10 mm) und die minimalinvasive, laserbasierte Funktionalisierung zur Ausscheidungshärtung des beschichteten Bereichs unter Nutzung der benötigten Systemtechnik für eine industrielle Anwendung erreicht werden und welche Eigenschaften (Festigkeit, Härte, Gefüge) weisen die generierten und funktionalisierten Schichten auf?‘ beantwortet.

In den Voruntersuchungen werden Anforderungen an die Systemtechnik zum minimalinvasiven DED-LB/M aus der Geometrie der Modellkavität, den Abmaßen der zu beschichtenden Fläche, der Prozessführung und Anlagentechnik sowie der benötigten Medienzufuhr abgeleitet. Basierend auf den Anforderungen wird ein konzeptioneller Laboraufbau erstellt sowie der Systemtechnikprototyp 1 aufgebaut und Funktionstests unterzogen. Die Funktionstests ergeben, dass ohne Kühlung des Umlenkspiegels eine Beschichtungslänge von 50 mm realisierbar ist. Durch das Vorschalten eines Fördergasstromreduzierers können der Fördergasstrom und damit die Geschwindigkeit der Pulverpartikel reduziert werden, um die Reflexionen von Pulverpartikeln auf die Umlenkspiegeloberfläche zu reduzieren. Mit einer Laserleistung von 320 W kann eine Beschichtung mit schmelzmetallurgischer Verbindung zum Grundwerkstoff auf einer 1 mm starken Flachprobe aufbauen und die Beschichtung auf einer 0,5 mm starken Flachprobe ist möglich, ohne dass es zu einem Durchschmelzen kommt.

In den weiterführenden Untersuchungen zum minimalinvasiven DED-LB/M dienen die in den Voruntersuchungen ermittelten Anforderungen als Grundlage für die Gestaltung des Systemtechnikprototyp 2. Über einen mittels PBF-LB/M gefertigten Trägerarm werden eine Spiegelkühlung und die Kühlmedienzufuhr über interne Strukturen realisiert, um den Bewegungsspielraum des Systemtechnikprototyp 2 in der Modellkavität nicht durch äußere Anbauteile weiter einzuschränken. Ebenfalls wird die Integration der Schutzgas-, Pulver- und Spülgaszufuhr für den Umlenkspiegel durch innenliegende Strukturen realisiert. Bei den durchgeführten Funktionstests zeigt sich, dass die Erwärmung des Umlenkspiegels durch eine Wasserkühlung auf 70 °C reduziert werden kann. Zusätzlich verhindern eine Spülgasdüse sowie ein Strömungsumlenkblech Reflexionen von Pulverpartikeln auf die Spiegeloberfläche. Die für den Prozess notwendige Schutzgasabschirmung kann durch die vorgesehene Schutzgasdüse zuverlässig sichergestellt werden. Im Rahmen der Funktionstests werden mit dem Systemtechnikprototyp 2 mehrlagige Beschichtungen auf Alloy 718-Gussmaterial innerhalb der Modellkavität aufgebracht. Auf dieser Basis kann der Systemtechnikprototyp 2 als funktionstüchtig angesehen werden. Die Zugversuche bei RT zeigen, dass die Werte für die Streckgrenze ($R_{p0,2}$ = 724 MPa) und Zugfestigkeit (R_m = 827 MPa) aus AMS 5383F für Zugproben aus DED-LB/M + Grundmaterial ohne Ofenwärmebehandlung im Falle der Streckgrenze mit $R_{p0,2}$ = 540 MPa unterschritten und für die Zugfestigkeit mit R_m = 890 MPa erreicht werden. Für die hybriden Zugproben, bestehend aus nominal 0,5 mm Grundmaterial und 2,5 mm DED-LB/M-Material, kann eine Variation der Grundmaterialstärke zwischen 272 µm und 436 µm festgestellt werden, die jedoch keinen Einfluss auf die Festigkeitswerte hat.

Bei den Untersuchungen zum minimalinvasiven Funktionalisieren wird der Systemtechnikprototyp 3, der auf dem Systemtechnikprototyp 2 basiert, modifiziert, aufgebaut und einem Funktionstest unterzogen. Eine LWBH mit dem Systemtechnikprototyp 3 von 45 min Dauer ergibt, dass die Umlenkspiegeltemperatur bei einer Laserleistung von 200 W maximal 70 °C beträgt. Damit kann der Systemtechnikprototyp 3 als funktionstüchtig angesehen werden. Die Simulation der induzierten Temperatur-Zeit-Zyklen dient der Erlangung eines geeigneten Prozessfensters für die LWBH. Die Ergebnisse der Verfahrensentwicklung zeigen, dass bei gemessenen Temperaturen der LWBH im Bereich von 680–720 °C die höchsten Härtesteigerungen durch die LWBH erreicht werden. Die erreichten Härtewerte nach der WBH liegen bei einer untersuchten Zugprobe im Mittel bei ~ 380 HV im DED-LB/M-Material. Dies entspricht einer Steigerung der Härte um ca. 35 % gegenüber dem nicht laserwärmebehandelten DED-LB/M-Material der Verfahrensentwicklung. Die Zunahme der Härte durch LWBH wird auf nano-skalige Ausscheidungen von γ'/γ'' zurückgeführt. Die bei RT getesteten LWBH-Zugproben aus 100 % DED-LB/M-Material weisen lediglich Reduktionen der Streckgrenze um 18 % und der Zugfestigkeit um 13 % im Vergleich zu den Zugproben aus 100 % DED-LB/M-Material mit konventioneller Ofenwärmebehandlung auf. Die Festigkeitswerte der LWBH-Zugproben aus 100 % DED-LB/M-Material übertreffen die in der Spezifikation AMS 5383F genannten Werte für Zugfestigkeit und Streckgrenze. Die Ergebnisse der Zugprüfung bei ET zeigen eine Zunahme der Streckgrenze nach LWBH von etwa 56 % auf $R_{p0,2}$ = 734 MPa für die Zugproben aus 100 % DED-LB/M-Material im Vergleich zu den Werten für die Zugproben aus 100 % DED-LB/M-Material ohne LWBH (471 MPa). Ähnliches gilt für die Zugfestigkeitswerte mit einer Zunahme der Zugfestigkeit nach LWBH für die Zugproben aus 100 % DED-LB/M-Material von etwa 31 % auf R_m = 965 MPa im Vergleich zu den Werten für die Zugproben aus 100 % DED-LB/M-Material ohne LWBH (R_m = 739 MPa). Die Bruchflächenanalysen der bei RT und ET getesteten Proben ergeben für alle Proben ein duktiles Bruchversagen (Wabenstrukturen). Bei den hybriden Proben geht der Bruch immer von der DED-LB/M-Seite aus. Mittels APT können in zwei APT-Rekonstruktionen der Verfahrensentwicklung zum minimalinvasiven Funktionalisieren γ"-Ausscheidungen in der γ-Matrix nachgewiesen werden. Die γ"-Ausscheidungen scheinen nicht vollständig separiert zu sein, was darauf hindeutet, dass ihre Bildung zu diesem Zeitpunkt noch nicht abgeschlossen ist.

Die Ergebnisse von metallografischen Auswertungen der weiterführenden Untersuchungen zum minimalinvasiven DED-LB/M und der Untersuchungen zum minimalinvasiven Funktionalisieren werden als Zusammenfassung beschrieben, um Doppelnennungen zu vermeiden. Die beobachteten Kornstrukturen im DED-LB/M-Material sind kolumnar und entlang der DED-LB/M-Aufbaurichtung ausgerichtet bzw. ~ 45° zur DED-LB/M-Aufbaurichtung verkippt. Die Korngröße innerhalb des DED-LB/M-Materials ist am Übergang zwischen Grundmaterial und DED-LB/M-Material auffällig fein, wird aber durch Kornselektion mit zunehmender Aufbauhöhe sowie Abnahme der Temperaturgradienten gröber. Gefügeanalysen im REM, inkl. EBSD und EDX, zeigen die im DED-LB/M-Material erwartete, kolumnare dendritische Erstarrung mit Primärdendritenarmabständen von 2–5 µm. Die mittels EBSD identifizierten Phasen sind die primäre γ-Phase (austenitisch, fcc) und die Laves-Phase (Ni, Fe, Cr)2(Nb, Ti, Mo). Die Laves-Phase tritt interdendritisch auf. Die Größe der Laves-Phase liegt bei 1 bis max. 5 µm (Längsachse), die Partikel liegen vereinzelt und nicht als ‚langkettige Agglomerate' vor. Weitere Phasen, z. B. Karbide oder die Delta- sowie Sigma-Phase, sowie γ' und/oder γ" werden weder im REM beobachtet noch mit EBSD oder EDX gemessen. Eine Veränderung des Gefüges durch die LWBH auf der Nano-Skala entzieht sich der REM-basierten Methode. Die EDX-Analysen ergeben erhöhte Nickel-, Eisen- und Chromgehalte im Dendritenkern sowie erhöhte Niob-, Molybdän- und Titangehalte im interdendritischen Bereich (Seigerungen). Nach der LWBH bleibt die Seigerung weitgehend erhalten (keine Homogenisierung). Quantitative Messungen zeigen Nb-Gehalte von rund 3 Gew.-% im Dendritenkern und rund 6 Gew.-% im interdendritischen Raum (nach LWBH). Somit ist mit einer bevorzugten und verstärkten Bildung der γ'/γ"-Partikel in diesem Bereich zu rechnen, da diese Niob zur Bildung benötigen, auch wenn ein Teil der benötigten Elemente bereits durch die Laves-Phase genutzt wird, die bei den gewählten Temperaturen der LWBH noch nicht aufgelöst wird. Als signifikanter Gefügeunterschied, der sich im REM zwischen DED-LB/M-Proben mit und ohne LWBH nachweisen lässt, sind die oberflächennahen Bereiche der DED-LB/M-Schicht über eine Tiefe von rund 10 Mikrometern zu nennen. Nach LWBH zeigt sich hier eine ultrafeine, äquiaxiale Kornstruktur mit Korngrößen im Bereich weniger Mikrometer oder sogar im Sub-Mikrometer-Bereich. Kornmorphologie und Größe deuten darauf hin, dass die Temperaturmaxima beim LWBH hoch genug waren, um das Material zu rekristallisieren.

Im Rahmen der Anwendungsdemonstration wird in Bezug auf die Forschungsfrage gezeigt, wie der minimalinvasive Aufbau rissfreier Beschichtungen mittels pulverbasierten DED-LB/M auf Bereichen mit variierenden Grundmaterialstärken innerhalb von Bauteilen mit Zugangsöffnungen (Höhe ≤ 50 mm, Breite ≤ 10 mm) und die minimalinvasive, laserbasierte Funktionalisierung zur Ausscheidungshärtung des beschichteten Bereichs unter Nutzung der benötigten Systemtechnik für eine industrielle Anwendung an einer strukturellen Triebwerkskomponente erreicht werden können.

Basierend auf den Ergebnissen dieser Arbeit lassen sich folgende Bereiche für weitergehende Untersuchungen benennen:

Zur Vermeidung von Seigerungen, die im Temperaturbereich der LWBH von 680–720 °C erhalten bleiben, sollte die Homogenisierung im Temperaturbereich > 1000 °C als erster Schritt der LWBH vor der eigentlichen Auslagerung untersucht werden. Um das minimalinvasive DED-LB/M für weitere industrielle Anwendungen zu etablieren, sollten Untersuchungen für Materialien wie Titan-, Aluminium- und Magnesiumlegierungen durchgeführt werden. Um das minimalinvasive DED-LB/M und die minimalinvasive LWBH für ein breites Spektrum auf Bauteil- oder Systemebene interessant zu machen, sollten Studien zu möglichen Anwendungsfällen und einer weiteren Miniaturisierung der Systemtechnik durchgeführt werden.

10 Literaturverzeichnis

[Acu23] Acunity GmbH. EHLA-Innenbeschichtung, 2023 (abgerufen am 17.04.2023). https://acunity.de/ehla-innenbeschichtung/

[Ala54] N. Alam et al. High-Angle Kikuchi Patterns. In: *Proceedings of the Royal Society A. Mathematical, Physical and Engineering Sciences*, 1954, *221* (1145), 224–242. https://doi.org/10.1098/rspa.1954.0017

[Ame90] W. Amende. Oberflächenbehandlung mit Laserstrahlung. 1990, *Der Laser in der Fertigungstechnik*, Hoppenstedt Technik, 1990, S. 193–233.

[Ams22] AMS 5663P: 2022-08. Nickel Alloy, Corrosion- and Heat-Resistant, Bars, Forgings, Rings, and Stock for Forgings and Rings, 52.5Ni - 19Cr - 3.0Mo - 5.1Cb (Nb) - 0.90Ti - 0.50Al - 18Fe, Consumable Electrode or Vacuum Induction Melted, 1775 °F (968 °C) Solution and Precipitation Heat Treated, 08.2022.

[Ams22a] AMS 5664G: 2022-08. Nickel Alloy, Corrosion- and Heat-Resistant, Bars, Forgings, Extrusions, Rings, and Stock for Forgings and Rings 52.5Ni - 19Cr - 3.0Mo - 5.1Cb (Nb) - 0.90Ti - 0.50Al - 18Fe Consumable Electrode or Vacuum Induction Melted 1950 °F (1066 °C) Solution Heat Treated, Precipitation Hardenable, 08-2022.

[Ams22b] AMS 5662P: 2022-08. Alloy, Corrosion- and Heat-Resistant, Bars, Forgings, Rings, and Stock for Forgings and Rings 52.5Ni - 19Cr - 3.0Mo - 5.1Cb (Nb) - 0.90Ti - 0.50Al - 18Fe Consumable Electrode or Vacuum Induction Melted 1775 °F (968 °C) Solution Heat Treated, Precipitation-Hardenable.

[Ams19] AMS 5383F: 2018-08. Nickel Alloy, Corrosion and Heat-Resistant, Investment Castings 52.5Ni - 19Cr - 3.0Mo - 5.1Cb(Nb) - 0.90Ti - 0.60Al - 18Fe Vacuum Melted Homogenization and Solution Heat Treated,08-2019.

[Ams91] AMS Handbook Volume 4 Heat Treating, 10. Aufl., 1991. ISBN:10:0871703793

[Ant05] T. Antonsson, H. Fredriksson. The effect of cooling rate on the solidification of ALLOY 718. *Metall Mater Trans B*, 2005, *36*, 85–96. https://doi.org/10.1007/s11663-005-0009-0

[Asa10a] M. Asadi, N. Schulze, H. Palkowski. Use of the Aging Effect to Change the Local Properties of Structure Components. *Advanced Materials Research*, 2010, *137*, 35–79. https://doi.org/10.4028/www.scientific.net/AMR.137.35

[Asa10b] M. Asadi, H. Palkowski. Designing Local Properties of Constructional Elements by Local Use of Ageing Effects in Multiphase Steels. *Materials Science Forum*, 2010, *638–642*, 3062–3067. https://doi.org/10.4028/www.scientific.net/MSF.638-642.3062

[Asa11] M. Asadi, N. Schlosser, H. Palkowski. Study of Bake Hardening Effect on Laser Welded Hot Rolled Ferrite-Bainite Dual Phase Steels. *Steel Research International*, 2011, *82* (11), 1304–1309. https://doi.org/10.1002/srin.201100068

[Asa12] M. Asadi et al. Local Laser Heat Treatment in Dual-Phase Steels. *Metallurgical and Materials Transactions A*, 2012, *43* (4), 1244–1258. https://doi.org/10.1007/s11661-011-0943-1

[Aza01] S. Azadian et al. Precipitation in spray-formed IN718. In: *Proceeding of the International Symposium on Superalloys,* 2001; S. 617–26. urn:nbn:se:mau:diva-12656

[Bac95] G. Backes et al. Beschichten von Kurbelzapfen mit CO2-Laserstrahlung. *MM-Maschinenmarkt*, 1995, 42–45. ISSN:0025-4509

[Bac96] G. Backes et al. Prozessregelung sichert die Bearbeitungsqualität. *Laser*, 1996, *3*, 29–32.

[Bar62] J. F. Barker. A superalloy for medium temperatures. *Metal Progress*, 1962, *81* (5), 72–76.

[Bas19] A. Baskoro et al. Review on Plasma Atomizer Technology for Metal Powder. In: *MATEC Web Conference*, 2019, *269*. https://doi.org/10.1051/matecconf/201926905004

[Ben21] J. Bennett, J. Glerum, J. Cao. Relating additively manufactured part tensile properties to thermal metrics. *CIRP Annals*, 2021, *70* (1), 187–190. https://doi.org/10.1016/j.cirp.2021.04.053

[Ber77] M. Berns. Verzug von Stählen infolge Wärmebehandlung. *Zeitschrift für Werkstofftechnik*, 1977, *8*, 149–157. https://doi.org/10.1002/mawe.19770080504

[Ber00] G. Berci, K. A. Forde. History of endoscopy. *Surg Endosc*, 2000, *14*, 5–15. https://doi.org/10.1007/s004649900002

[Ber13] G. Bergweiler. Lokale Wärmebehandlung mit Laserstrahlung zur Verbesserung der Umform- und Funktionseigenschaften von hochfesten Stählen, 2013. ISBN:978-3-86359-162-5

[Bey98] E. Beyer, K. Wissenbach. Oberflächenbehandlung mit Laserstrahlung, 1998. ISBN:3-540-63224-7

[Bi11] G. Bi et al. Restoration of Nickel-Base Turbine Blade Knife-Edges with Controlled Laser Aided Additive Manufacturing. In: *Physics Procedia*, 2011, *12*, 402–409. https://doi.org/10.1016/j.phpro.2011.03.051

[Bla05] P. L. Blackwell. The mechanical and microstructural characteristics of laser-deposited IN718. *Journal of Materials Processing Technology*, 2005, *170* (1–2), 240–246. https://doi.org/10.1016/j.jmatprotec.2005.05.005

[Bre16] F. Brenne et al. Microstructural design of Ni-base alloys for high-temperature applications: impact of heat treatment on microstructure and mechanical properties after selective laser melting. *Prog Addit Manuf*, 2016, *1*, 141–15. https://doi.org/10.1007/s40964-016-0013-8

[Bür19] R. Bürgel. Handbuch Hochtemperatur-Werkstofftechnik, 6. Aufl., 2019. ISBN:978-3-658-25313-4

[Can11] A. Candel-Ruiz et al. Reparaturlösungen für höchste Ansprüche. *Laser Technik Journal*, 2011, *8* (6), 40–43. https://onlinelibrary.wiley.com/doi/pdf/10.1002/latj.201190075

[Cao13] J. Cao et al. Effect of overlap rate on recrystallization behaviors of Laser Solid Formed Alloy 718 superalloy. *Optics & Laser Technology*, 2013, *45*, 228–235. https://doi.org/10.1016/j.optlastec.2012.06.043

[Chi22] D. Chioibasu et al. Tribology and corrosion behavior of gray cast iron brake discs coated with Alloy 718 by direct energy deposition. *The International Journal of Advanced Manufacturing Technology*, 2022, *121* (7–8), 5091–5107. https://doi.org/10.1007/s00170-022-09646-7

[Chu22] Chuanli Yu et al. Effects of sandblasting and HIP on very high cycle fatigue performance of SLM-fabricated IN718 superalloy. *Journal of Materials Research and Technology*, 2022, *18*, 29–43. https://doi.org/10.1016/j.jmrt.2022.02.077

[Cav21] P. Cavaliere. Laser Cladding of Metals, 2021. ISBN:978-3-030-53195-9

[Che17] D. Chen et al. Effect of strain rate on fracture of U-5.5Nb alloy. *Materials Science and Technology*, 2017, *34* (1). https://doi.org/10.1080/02670836.2017.1319117

[Col20] D. Collins et al. Spinodal decomposition versus classical γ′ nucleation in a nickel-base superalloy powder. *Acta Materialia*, 2020, *200*, 959–970. https://doi.org/10.1016/j.actamat.2020.09.055

[Det18] A.J. Detor et al. Enabling Large Superalloy Parts Using Compact Coprecipitation of γ′ and γ″. *Metall Mater Trans A*, 2018, *49*, 708–717. https://doi.org/10.1007/s11661-017-4356-7

[Din18] DIN EN ISO 6507-1:2018-07: Metallische Werkstoffe - Härteprüfung nach Vickers - Teil 1: Prüfverfahren. 07-2018.

[Din22a] DIN EN ISO/ASTM 52900:2022-03: Additive Fertigung - Grundlagen - Terminologie. 03-2022.

[Din22b] DIN 8580:2022-12: Fertigungsverfahren - Begriffe, Einteilung. 12-2022.

[Dre18] A. Drexler et al. Experimental and numerical investigations of the γ″ and γ′ precipitation kinetics in Alloy 718. *Materials Science and Engineering: A*, 2018, *723*, 314–323. https://doi.org/10.1016/j.msea.2018.03.013

[Dub08] L. Dubourg, J. Archambeault. Technological and scientific landscape of laser cladding process in 2007. *Surface and Coatings Technology*, 2008, *202* (24), 5863–5869. https://doi.org/10.1016/j.surfcoat.2008.06.122

[Duv67] D. S. Duvall, W. A. Owczarski. Further Heat-Affected-Zone Studies in Heat Resistant Nickel Alloys. *Welding Journal*, 1967, *46*, 423–432.

[Don02] M.J. Donachie, S.J. Donachie. Superalloys: A technical guide, 2. Aufl., 2002. ISBN:978-0-87170-749-9

[Eis65] H. L. Eiselstein. Advances in the Technology of Stainless Steels, 1965.

[Ero12] H. Erol, W.-H. Friedl. Der Rolls-Royce Ansatz für Lebenszykluskostenmodellierung von Triebwerken für den Geschäfts-, Kurz- und Mittelstreckenflugzeugmarkt. In: *Deutscher Luft- und Raumfahrtkongress*, 2012, DocumentID: 281425.

[Eva64] R. M. Evans. The Welding and Brazing of Alloy 718. *DMIC Report*, 1964, *204*.

[Eve71] Everhart, J. Engineering Properties of Nickel and Nickel Alloys, 1971. ISBN:978-1-4684-1886-6

[Fra96] Fraunhofer ILT, Grundprinzip des Laserauftragschweißens, Aachen, 1996.

[Fle22] T. Fleitmann. NUTECH Gesellschaft für Lasertechnik und Materialprüfung, o. J. (aufgerufen am 09.09.2022). https://www.nutech.de/de/leistungen/lasersystemtechnik.html

[Gas97] A. Gasser et al. Maßgeschneiderte Oberflächen durch Laserstrahl-Oberflächenbehandlung mit Zusatzwerkstoffen - eine Übersicht. *Laser*, 1997, *3*, 66–73.

[Gas97a] A. Gasser et al. Beam it up! Lasertechnik rettet verschlissene Motoren- und Getriebeteile. *Oldtimer-Markt*, 1997, *5*.

[Gas10] A. Gasser et al. Laser Additive Manufacturing. *Laser Technik Journal*, 2010, *2*, 58–63.

[Geb13] A. Gebhardt. Generative Fertigungsverfahren Additive Manufacturing und 3D Drucken für Prototyping - Tooling – Produktion, 4. Aufl., 2013. ISBN:978-3-446-43651-0

[Geb96] A. Gebhardt et al. Reconditioning of Machine and Engine Parts using High-Power LASER's. *Eclat'96*, 1996, *1*, 373–381.

[Geb16] A. Gebhardt. Additive Manufacturing: 3D-Drucken für Prototyping - Tooling – Produktion, 5. Aufl., 2016. ISBN:3446445390

[Gho22] S. Ghorbanpour et al. Additive manufacturing of functionally graded 718. *Journal of Materials Processing Technology*, 2022, *306*, 117573. https://doi.org/10.1016/j.jmatprotec.2022.117573

[Gib90] T. B. Gibbons. The performance of Superalloys. *Advanced Materials*, 1990, *2* (12), 583–588. https://doi.org/10.1002/adma.19900021205

[Gib14] I. Gibson. Additive Manufacturing Technologies, 2014. ISBN: 1493921134

[Gle21] J. Glerum et al. Mechanical properties of hybrid additively manufactured Alloy 718 parts created via thermal control after secondary treatment processes. *Journal of Materials Processing Technology*, 2021, *291*, 117047. https://doi.org/10.1016/j.jmatprotec.2021.117047

[Gor70] J. Gordine. Methods of High-Alloy Weldability Evaluation. In: *Welding Research Council*, 1970; S. 28–36.

[Got14] G. Gottstein. Materialwissenschaft und Werkstofftechnik, Physikalische Grundlagen, 4. Aufl., 2014. ISBN:978-3-642-36602-4

[Gra13] B. Graf et al. Design of Experiments for Laser Metal Deposition in Maintenance, Repair and Overhaul Applications. In: *Procedia CIRP*, 2013, *11*, 245–248. https://doi.org/10.1016/j.procir.2013.07.031

[Gri16] S. Gribbin et al. Low cycle fatigue behavior of direct metal laser sintered Inconel alloy 718. *International Journal of Fatigue*, 2016, 93–1, 156–167, 0142–1123. https://doi.org/10.1016/j.ijfatigue.2016.08.019.

[Fuj00] H. Fujimagari et al. Laser cladding technology to small diameter pipes. *Nuclear Engineering and Design*, 2000, *195* (3). https://doi.org/10.1016/S0029-5493(99)00159-4

[Hds23] HD-Sonderoptiken. Schneller Pulverwechselschalter, 2023 (abgerufen am 27.04.2023). https://hd-sonderoptiken.de/produkte/details/schneller-pulverwechselschalter/

[Hof96] M. Hoferer et al. Grundlagen der Maß- und Formänderungsentstehung bei der Wärmebehandlung. *HTM Journal of Heat Treatment and Materials*, 1996, *51* (1), 56–68. https://doi.org/10.1515/htm-1996-510117

[Hof96a] E. Hoffmann et al. Prozessüberwachung durch Temperaturregelung beim Generieren mit CO2-Laserstrahlung. *Laser*, 1996, *3*, 59–67.

[Hol21] A. Holzer et al. Extreme High-Speed Laser Material Deposition (EHLA) as High-Potential Coating Method for Tribological Contacts in Hydraulic Applications. In: *EMPOrIA*, 2020; S. 153–167. https://doi.org/10.1007/978-3-030-70332-5_14

[Hos19] E. Hosseini, V.A. Popovich. A review of mechanical properties of additively manufactured Alloy 718. *Additive Manufacturing*, 2019, *30*, 100877. https://doi.org/10.1016/j.addma.2019.100877

[Hor23] Hornet Laser Cladding, The Stinger ID Head, 2023 (abgerufen am 17.04.2023). https://www.hornetlasercladding.com/stinger-id-head

[Hüg22] H. Hügel, T. Graf. Materialbearbeitung mit Laser, 4. Aufl., 2022. ISBN:3658372508

[Ils16] B. Ilschner. Werkstoffwissenschaften und Fertigungstechnik, 6. Aufl., 2016. ISBN:978-3-642-53890-2

[Iri15] K.M. Irion, M. Leonhard. Endoskopie – Geräte, Systeme und Methoden. In: R. Kramme (Hrsg.). *Medizintechnik*, 2015; S. 1–24. https://doi.org/10.1007/978-3-662-45538-8_21-1

[Jäg16] E.A. Jägle et al. Precipitation Reactions in Age-Hardenable Alloys During Laser Additive Manufacturing. *JOM*, 2016, *68*, 943–949. https://doi.org/10.1007/s11837-015-1764-2

[Jär15] A. Järvenpää et al. Local Laser Heat Treatments of Steel Sheets. In: *Physics Procedia*, 2015, *78*, 296–304. https://doi.org/10.1016/j.phpro.2015.11.040

[Jin19] A.N. Jinoop et al. Laser Additive Manufacturing using directed energy d position of Inconel-718 wall structures with tailored characteristics. *Vacuum*, 2019, *166*, 270–278. https://doi.org/10.1016/j.vacuum.2019.05.027

[Kar04] K. Karimov, A. Weisheit, K. Wissenbach. Laserstrahl-Auftragsschweißen. *Materials Testing*, 2004, *46* (5), 231–235. https://doi.org/10.3139/120.100583

[Kar23] K. Karimov. IXUN Lasertechnik GmbH, 2023 (aufgerufen am 01.03.2023). http://www.ixun-lasertechnik.de/

[Kau61] M. Kaufman. The phase structure of Inconel-718 and Inconel-702 alloys. *Transactions of the Metallurgical Society of AIME*, 1961, *221* (6), 1253–1262.

[Kel06] I. Kelbassa. Qualifizieren des Laserstrahl-Auftragschweißens von BLISKs aus Nickel- und Titanbasislegierungen, Dissertation RWTH Aachen, 2006.

[Kit20] J. Kittel et al. Case study on AM of an IN718 aircraft component using the LMD-Process. In: *Procedia CIRP*, 2020, *94*, 324–329. https://doi.org/10.1016/j.procir.2020.09.061

[Kon22] Y. Kong, H. Huang. Effect of intrinsic heat treatment on microstructure and hardness of additively manufactured Inconel 625 alloy by directed energy deposition. *Materials & Design*, 2022, *224*, 111279. https://doi.org/10.1016/j.matdes.2022.111279

[Kre95] E. W. Kreutz et al. Rapid Prototyping with CO2 laser radiation. *Applied Surface Science*, 1995, *86* (1-4), 310–316. https://doi.org/10.1016/0169-4332(94)00397-1

[Kub11] F. Kubisch et al. $COAX_{ID}$ – omni-directional inner diameter laser cladding optic. In: *International Congress on Applications of Lasers & Electro-Optics*, 2011; S. 725. https://doi.org/10.2351/1.5062318

[Kub15] F. Kubisch. Miniatur-Laserbearbeitungsoptik für hartmetallische innenbeschichtungen, 2015.

[Kuc01] H. Kuchling. Taschenbuch der Physik, 17. Aufl., 2001. ISBN:10: 3446217606

[Kuh22] C. Kuhn. Firma ALOtec Dresden GmbH, 2022 (abgerufen am 09.09.2022). https://www.alotec.de/produkte/

[Kum17] L. J. Kumar, C. K. Nair. Laser metal deposition repair applications for Alloy 718 alloy. *Materials Today*, 2017, *4* (10), 11068–11077. https://doi.org/10.1016/j.matpr.2017.08.068

[Kum19] C. Kumara et al. Microstructure modelling of laser metal powder directed energy deposition of alloy 718. *Additive Manufacturing*, 2019, *25*, 357–364. https://doi.org/10.1016/j.addma.2018.11.024

[Kum20] C. Kumara et al. Toward a better understanding of phase transformations in additive manufacturing of Alloy 718. *Materialia*, 2020, *13*, 100862. https://doi.org/10.1016/j.mtla.2020.100862

[Kür19] P. Kürnsteiner. Precipitation Reactions During the Intrinsic Heat Treatment of Laser Additive Manufacturing, 2019. https://doi.org/10.18154/RWTH-2019-11831

[Ko23] M. Ko. Aufbruch in die dritte Dimension, 2023 (aufgerufen am 28.04.2023). https://www.ilt.fraunhofer.de/de/presse/pressemitteilungen/2023/2-2-ehla-3d-additive-fertigung.html

[Kou03] S. Kou. Welding metallurgy, 2. Aufl., 2003. ISBN:0-471-43491-4

[Lak14] L. Lakshmi Parimi et al. Microstructural and texture development in direct laser fabricated IN718. *Materials Characterization*, 2014, *89*, 102–111. https://doi.org/10.1016/j.matchar.2013.12.012

[Li20] Z. Li et al. The microstructure evolution and tensile properties of Alloy 718 fabricated by high-deposition-rate laser directed energy deposition. *Additive Manufacturing*, 2020, *31*, 100941. https://doi.org/10.1016/j.addma.2019.100941

[Li22] Y. Li et al. Review on Additive Manufacturing of Single-Crystal Nickel-based Superalloys. *Chinese Journal of Mechanical Engineering: Additive Manufacturing Frontiers*, 2022, *1* (1), 100019. https://doi.org/10.1016/j.cjmeam.2022.100019

[Lia22] S. Liang et al. Preferential growth of intermetallics under temperature gradient at Cu–Sn interface during transient liquid phase bonding: insights from phase field simulation. *Journal of Materials Research and Technology*, 2022, *19*, 345–353. https://doi.org/10.1016/j.jmrt.2022.05.047

[Liu11a] F. Liu et al. Microstructure and residual stress of laser rapid formed Alloy 718 nickel-base superalloy. *Optics & Laser Technology*, 2011, *43* (1), 208–213. https://doi.org/10.1016/j.optlastec.2010.06.015

[Liu11b] F. Liu et al. Recrystallization and its influence on microstructures and mechanical properties of laser solid formed nickel base superalloy Alloy 718. *Rare Metals*, 2011, *30* (S1), 433–438. https://doi.org/10.1007/s12598-011-0319-0

[Luo18] Z.C. Luo, M.X. Huang. Revealing the Fracture Mechanism of Twinning-Induced Plasticity Steels. *Steel Research International*, 2018, *89* (9), 1700433. https://doi.org/10.1002/srin.201700433

[Mal22] D. Malik et al. Chemical redistribution and change in crystal lattice parameters during stress relaxation annealing of the AD730TM superalloy. *Acta Materialia*, 2022, *237*, 118–141. https://doi.org/10.1016/j.actamat.2022.118141

[Maz21] F. Mazzucato et al. Laser Metal Deposition of Alloy 718 Alloy and As-built Mechanical Properties Compared to Casting. *Materials*, 2021, *14* (2), 437. https://doi.org/10.3390/ma14020437

[Men07] H. Mensen. Planung, Anlage und Betrieb von Flugplätzen, 2007. ISBN: 978-3-540-68108-3

[Mik15] M. Segersäll. Thermal–mechanical fatigue behaviour of a new single crystal superalloy: Effects of Si and Re alloying. *Acta Materialia*, 2015, *95*, 456–467. https://doi.org/10.1016/j.actamat.2015.03.060

[Mil20] M. K. Miller. Atom Probe Tomography. Analysis at the Atomic Level, 2000. ISBN:978-1-4613-6921-9

[Mol86] P.A. Molian. Engineering Applications and Analysis of Hardening Data for Laser Heat Treated Ferrous Alloys. *Surface Engineering*, 1986, *2* (1), 19–28. https://doi.org/10.1179/sur.1986.2.1.19

[Mud07] R.P. Mudge, N. Wald. Laser engineered net shaping advances additive manufacturing and repair. *Welding Journal*, 2007, *86*, 44–48.

[Muv17] G. Muvvala et al. Online monitoring of thermo-cycles and its correlation with microstructure in laser cladding of nickel based super alloy. *Optics and Lasers in Engineering*, 2017, *88*, 139–152. https://doi.org/10.1016/j.optlaseng.2016.08.005

[Mül20] B. Müller. New Developments for the Repair of Structural Engine Components with Laser Material Deposition. *PhotonicsViews*, 2020, *17* (02), 48–51. https://doi.org/10.1002/phvs.202000014

[Mül24] B. Müller et al. The Effect of a Laser-Based Heat Treatment on the Microstructure of a Superalloy After a Minimally Invasive Repair by Direct Energy Deposition. Superalloys, 2024, 1002-1012. https://doi.org/10.1007/978-3-031-63937-1_93

[Ni23] Ni-Alloy IN718 / 2.4668. Materialdatenblatt, 2023 (abgerufen am 15.05.2023). https://erpro-group.com/wp-content/uploads/2019/04/Ni_IN718.pdf

[Now12] S. Nowotny et al. Repair of Erosion Defects in Gun Barrels by Direct Laser Deposition. *Journal of Thermal Spray Technology*, 2012, *21* (6), 1173–1183. https://doi.org/10.1007/s11666-012-9817-3

[Obl74] J.M. Oblak et al. Coherency strengthening in Ni base alloys hardened by DO_{22} γ″ precipitates. *Metallurgical and Materials Transactions*,1974, *5*, 143–153. https://doi.org/10.1007/BF02642938

[Oda10] A. Odabasi et al. A study on laser beam welding (LBW) technique: Effect of heat input on the microstructural evolution of superalloy Alloy 718. *Metallurgical and Materials Transactions A: Physical Metallurgy and Materials Science*, 2010, *41* (9), 2357–2365. https://doi.org/10.1007/s11661-010-0319-y

[Opt09] Optimierte Fertigungsverfahren für Verdichter (OptiFer/OptiferPlus), Abschlussbericht, 2009. https://doi.org/10.2314/GBV:635267632

[Oxf20] Oxford Instruments Nanotechnology Tools Limited trading Copyright © 2010 – 2020. AZtec 4.3 User Manual. Oxford Instruments Nano Analysis.

[Pal09] H. Palkowski, A. Brück. Thermomechanical Processing by Laser in Multiphase Steels. *Materials and Manufacturing Processes*, 2009, *24* (10–11), 1147–1149. https://doi.org/10.1080/10426910903032220

[Pat18] S. Patel et al. Superalloy 718: Evolution of the Alloy from High to Low Temperature Application. In: *Proceedings of the 9th International Symposium on Superalloy 718 & Derivatives: Energy, Aerospace, and Industrial Applications*, 2018; S. 23–49. https://doi.org/10.1007/978-3-319-89480-5_2

[Pet16] T. Petrat et al. Laser Metal Deposition as Repair Technology for a Gas Turbine Burner Made of Alloy 718. In: *Physics Procedia*, 2016, *201* (83), 761–768. https://doi.org/10.1016/j.phpro.2016.08.078

[Pir12] N. Pirch et al. Modeling of coaxial single- and overlap-pass cladding with laser radiation. In: *Matador Conference Proceedings*, 2012; S. 337–391.

[Pir17] N. Pirch et al. Analysis of track formation during laser metal deposition. *Journal of Laser Applications*, 2017, *29* (2), 22506. https://doi.org/10.2351/1.4983231

[Pis21] J. Pistor, C. Körner. A novel mechanism to generate metallic single crystals. *Sci Rep*, 2021, *11*, 24482. https://doi.org/10.1038/s41598-021-04235-2

[Pol06] T. M. Pollock et al. Nickel-Based Superalloys for Advanced Turbine Engines. *Journal of Propulsion and Power*, 2006, *22* (2), 361–374. https://doi.org/10.2514/1.18239

[Pop05] R. Poprawe. Lasertechnik für die Fertigung, 2005. ISBN:3-540-21406-2

[Pop11] R. Poprawe. Tailored Light 2: Laser Application Technology, 2011 ISBN: 978-3-662-50011-8

[Pot02] G. Pottlacher er al. Thermophysikalische Eigenschaften von festem und flüssigem Alloy 718. *Thermochimica Acta*, 2022, *382*, 255–267. https://doi.org/10.1016/S0040-6031(01)00751-1

[Qi09] H. Qi, M. Azer, A. Ritter. Studies of Standard Heat Treatment Effects on Microstructure and Mechanical Properties of Laser Net Shape Manufactured ALLOY 718. *Metallurgical and Materials Transactions A*, 2009, *40* (10), 2410–2422. https://doi.org/10.1007/s11661-009-9949-3

[Ree06] R.C. Reed. The superalloys: Fundamentals and applications, 2006. ISBN:978-0-511-24546-6

[Ras18] W.S Rasband. ImageJ, U.S. National Institutes of Health, Bethesda,1997–2018 (abgerufen am 17.04.2023). https://imagej.nih.gov/ij/

[Rep18] Reparatur- und Inspektionstechnologien für effizientes Fliegen (REPITEF): Schlussbericht, 2018. https://doi.org/10.2314/GBV:1048268853

[Rie21] V.V. Rielli et al. Evolution of nanoscale precipitates during common Alloy 718 ageing treatments. *Materials & Design*, 2021, *205*, 109762. https://doi.org/10.1016/j.matdes.2021.109762.

[Sch86] C. Schmitz-Justen. Einordnung des Laserstrahlhärtens in die fertigungstechnische Praxis, Dissertation RWTH Aachen, 1986.

[Sch11] R. E. Schafrik, D. D. Ward, J. R. Groh. Application of Alloy 718 in GE Aircraft Engines: Past, Present and Next Five Years. *Superalloys*, 2011, *3*, 1–11. https://doi.org/10.7449/2001/Superalloys_2001_1_11

[Sch12] C.A. Schneider et al. NIH Image to ImageJ: 25 years of image analysis. *Nature Methods*, 2012, *9*, 671–675. https://doi.org/10.1038/nmeth.2089

[Sch16] T. Schopphoven et al. Ultra-high-speed laser material deposition for internal surfaces. *ICALEO*, 2016, *23*, 1301. https://doi.org/10.2351/1.5119067

[Sch22] T. Schopphoven, A. Gasser. Effektiver Verschleiß und Korrosionsschutz mit dem „EHLA-Verfahren“, 2015 (abgerufen am 17.04.2022). https://www.ilt.fraunhofer.de/content/dam/ilt/de/documents/themenbroschueren/tb-verschleiss-und-korrosionsschutz-mit-ehla.pdf

[Sei83] H. Seiler. Secondary electron emission in the scanning electron microscope. *Journal of Applied Physics*, 1983, *54* (11), R1–R18. https://doi.org/10.1063/1.332840

[Sex02] L. Sexton et al. Laser cladding of aerospace materials. *Journal of Materials Processing Technology*, 2002, *122* (1), 63–68. https://doi.org/10.1016/S0924-0136(01)01121-9

[Shu22] L. Shu et al. Effect of laser powers on the mechanical properties 27SiMn steel with Alloy 718 cladding coatings. *Materials Research Express*, 2022, *9* (9), 96511. https://doi.org/10.1088/2053-1591/ac8f21

[Slm22] SLM-Solutions. Materialdatenblatt Ni-Alloy IN718 / 2.4668, 2022 (abgerufen am 01.07.2022). https://www.slm-solutions.com/fileadmin/Content/Powder/MDS/MDS_Ni-Alloy_IN718_0719.pdf

[Spa09] M. Spallek, T. Haubold, L. Zhu. Verfahren und Vorrichtung zur Reparatur von Blisks von Gasturbinen. Offenlegungsschrift, DE 10 2007 029 728 A1, 2009.

[Spe23] Special Metals. Produktdatenblatt Alloy 718, 2023 (abgerufen am 17.04.2023). https://www.specialmetals.com/documents/technical-bulletins/inconel/inconel-alloy-718.pdf

[Sta16] E. M. Stanciu et al. Dual Coating Laser Cladding of NiCrBSi and Alloy 718. *Materials and Manufacturing Processes*, 2016, *31* (12), 1556–1564. https://doi.org/10.1080/10426914.2015.1103866

[Ste98] W.M. Stehen. Laser Surface Treatment. *Laser Material Processing*, 1998, *3*, 218–271. https://doi.org/10.1007/978-1-4471-3609-5_7

[Ste17] E. Stevens et al. Variation of hardness, microstructure, and Laves-Phase distribution in direct laser deposited alloy 718 cuboids. *Materials & Design*, 2017, *119*, 188–198. https://doi.org/10.1016/j.matdes.2017.01.031

[Str08] A. Strondl et al. Investigations of MX and γ′/γ″ precipitates in the nickel-based superalloy 718 produced by electron beam melting. *Materials Science and Engineering*, 2018, *480* (1–2), 138–147. https://doi.org/10.1016/j.msea.2007.07.012

[Sjö10] G. Sjöberg. Casting Superalloys for Structural Applications. In: Superalloy 718 and Derivates. *SUPERALLOY 718 and DERIVATIVES*, 2010, 116–130.

[Sui22] S. Sui et al. Introduction of a New Method for Regulating Laves-Phases in Alloy 718 Superalloy during a Laser-Repairing Process. *Engineering*, 2022, *16*, 239–246. https://doi.org/10.1016/j.eng.2021.08.030

[Tem20] A. Temmler et al. Numerical and experimental investigation on formation of surface structures in laser remelting for additive-manufactured Alloy 718. *Surface and Coatings Technology*, 2020, *403*, 126370. https://doi.org/10.1016/j.surfcoat.2020.126370

[Tem21] A. Temmler et al. Experimental investigation on surface structuring by laser remelting (WaveShape) on Alloy 718 using varying laser beam diameters and scan speeds. *Applied Surface Science*, 2021, *541*, 147814. https://doi.org/10.1016/j.apsusc.2020.147814

[The18] F. Theska et al. On conventional versus direct ageing of Alloy 718. *Acta Materialia*, 2018, *156*, 116–124. https://doi.org/10.1016/j.actamat.2018.06.034

[The20] F. Theska et al. On the early stages of precipitation during direct ageing of Alloy 718. *Acta Materialia*, 2020, *188*, 492–503. https://doi.org/10.1016/j.actamat.2020.02.034

[Tho07] K. Thompson et al. In situ site-specific specimen preparation for atom probe tomography. *Ultramicroscopy*, 2007, *107* (2–3), 131–139. https://doi.org/10.1016/j.ultramic.2006.06.008

[Tia14] Y. Tian et al. Rationalization of Microstructure Heterogeneity in INCONEL 718 Builds Made by the Direct Laser Additive Manufacturing Process. *Metall Mater Trans A*, 2014, *45*, 4470–4483. https://doi.org/10.1007/s11661-014-2370-6

[Tum05] TUM. Seminarunterlagen – Modifizierte Viereckselemente, o. J., (abgerufen am 13.06.2005). www5.in.tum.de/lehre/seminare/semsoft/unterlagen_02/FE/website/finiteelemente.html

[Üna20] T. Ünal-Saewe et al. Process Development for Tip Repair of Complex Shaped Turbine Blades with IN718. In: *Procedia Manufacturing*, 2020, *47*, 1050–1057. https://doi.org/10.1016/j.promfg.2020.04.114

[Val69] P. J. Valdez, J. B. Steinman. Effects of Minor Alloying Elements on the Weldability of High-Nickel Alloys. In: *Welding Research Council*, 1969; S. 93–120.

[Vit95] G. Vitr et al. Umwandlungshärten komplizierter Werkstückgeometrien mit Nd:YAG-Laserstrahlung. In: Technologiezentrum Düsseldorf (Hrsg.). *Laser in der Materialbearbeitung*, Band 4, 1995.

[Wag65] H. J. Wagner, A. M. Hall. Physical Mctallurgy of Alloy 718. *DMIC Report*, 1965, *217*.

[Wei23] A. Weisheit, J. Stollenwerk. Wärmebehandlung mit Laserstrahlung, 2023 (abgerufen am 17.04.2023). https://www.ilt.fraunhofer.de/content/dam/ilt/de/documents/themenbroschueren/tb-waermebehandlung-mit-laserstrahlung.pdf

[Wil90] H. Willerscheid. Prozessüberwachung und Konzepte zur Prozessoptimierung des Laserstrahlhärtens, Dissertation RWTH Aachen, 1990.

[Wit15] J. Witzel. Qualifizierung des Laserstrahl-Auftragschweißens zur generativen Fertigung von Luftfahrtkomponenten, Dissertation RWTH Aachen, 2015. ISBN:978-3-8440-3470-7

[Xia17] H. Xiao et al. Laves-Phase control of Alloy 718 alloy using quasi-continuous-wave laser additive manufacturing. *Materials and Design*, 2017, *122*, 330–339. https://doi.org/10.1016/j.matdes.2017.03.004

[Xin20] B. Xin et al. Effect of Laser Remelting on Cladding Layer of Alloy 718 Superalloy Formed by Laser Metal Deposition. *Materials* (Basel, Switzerland), 2020, *13* (21). https://doi.org/10.3390/ma13214927

[Xu23] Z. Xu et al. Effect of laser cladding parameters on Alloy 718 coating performance and multi-parameter optimization. *Optics & Laser Technology*, 2023, *158*, 108850. https://doi.org/10.1016/j.optlastec.2022.108850

[Yan19] H. Yang et al. Controllable in-situ aging during selective laser melting: Stepwise precipitation of multiple strengthening phases in Alloy 718 alloy. *Journal of Materials Science & Technology*, 2019, *35* (9), 1925–1930. https://doi.org/10.1016/j.jmst.2019.05.024

[Yao12] J. H Yao et al. Laser remanufacturing to improve the erosion and corrosion resistance of metal components. In: *Laser surface modification of alloys for corrosion and erosion resistance*, 2012; S. 320–354. https://doi.org/10.1533/9780857095831.2.320

[Zha08] X. Zhao et al. Study on microstructure and mechanical properties of laser rapid forming Inconel 718. *Materials Science and Engineering A*, 2008, *478*, 119–124. https://doi.org/10.1016/j.msea.2007.05.079

[Zha13] Y. Zhang et al. Effect of Cooling Rate on the Microstructure of Laser-Remelted ALLOY 718 Coating. *Metallurgical and Materials Transactions A*, 2013, *44* (12), 5513–5521. https://doi.org/10.1007/s11661-013-1903-8

[Zho17] C. Zhong et al. The Influence of the Powder Stream on High-Deposition-Rate Laser Metal Deposition with Alloy 718. *Metalls*, 2017, *7* (10), 443. https://doi.org/10.3390/met7100443

[Zho22] C. Zhong et al. Development of novel green coating process with Laser. *Nature*, 2022, *12*, 6314. https://doi.org/10.1038/s41598-022-10351-4

[Zho23] C. Zhong. Additive Fertigung durch Laserauftragschweißen mit hoher Auftragsrate, 2023 (abgerufen am 28.04.2023). https://www.ilt.fraunhofer.de/content/dam/ilt/de/documents/Jahresberichte/JB17/HZ_JB17_S64_Additive-Fertigung-durch-Laserauftragschweissen-mit-hoher-Auftragsrate.pdf

[Zsc21] T. Zscheckel et al. Polarity Determination in EBSD Patterns Using the Hough Transformation. *Microscopy and Microanalysis*, 2021, *27* (6), 1409–1419. https://doi.org/10.1017/S1431927621012605

11 Abkürzungen und Formelzeichen

Abkürzung	Bezeichnung
AMS	Aerospace Material Specifications
APA	Advanced Plasma Atomization
APT	Atomsondentomografie
BEO	Bearbeitungsoptik
BLISK	Bladed Disk
BSE	Back Scattered Electron
BD	Built Direction
CO_2	Kohlenstoffdioxid
DED-LB/M	Direct Energy Deposition mit Laserstrahlung von Metallen
DIN	Deutsche Industrie-Norm
EDX	Energy Dispersive X-ray Spectroscopy
EB	Electron Beam
EBSD	Elektronenrückstreubeugung
ET	Erhöhte Temperatur
FE	Finite Elemente
FEM	Finite-Elemente-Modell
ff.	Fortfolgend
HIP	Heißisostatisches Pressen
i. d. R.	In der Regel
i. e.	Id est
IHT	intrinsische Wärmebehandlung
IPF	Inverse Pol-Figur
k. A.	keine Angabe
kfz	Kubisch flächenzentriert
LB	Laser Beam
LiMi	Lichtmikroskopie
LMD	Laser Material Deposition
LWBH	Laserwärmebehandlung
MC	Metallkarbid

MUD	Multiples of Uniform Density
NC	Numeric Control
PBF-LB/M	Powder Bed Fusion mit Laserstrahlung von Metallen
P_{End}	Endposition Laserwärmebehandlung
PGS	Pulvergas-Strahl
PSD	Pulvergrößenverteilung
P_{start}	Startposition Laserwärmebehandlung
REM	Rasterelektronenmikroskop
RT	Raumtemperatur
SAE	Verband der Automobilingenieure
SE	Sekundärelektronen
SLM	Selective Laser Melting
SO	Standoff
u. a.	Unter anderem
WBH	Wärmebehandlung
WEZ	Wärmeeinflusszone
$\bar{x}$	Mittelwert
z. B.	Zum Beispiel
Zykl.	Zyklisch

Formelzeichen	Einheit	Bezeichnung
A	m^2	Fläche
A_U	mm	Abstand Umlenkspiegel zur Bauteiloberfläche
A_5	%	Bruchdehnung
b_S	mm	Spurbreite/Schmelzbadbreite
D_B	mm	Laserstrahldurchmesser auf Bauteiloberfläche
D_F	mm	Defokussierung
d_L	mm	Laserstrahldurchmesser zur Wärmebehandlung
d_Z	mm	Zustellung in Z-Richtung
E_V	J/mm^2	Energievolumendichte
f	mm	Spurversatz
G	K/mm	Temperaturgradient
h_S	mm	Spurhöhe
$\dot{m}_p$	g/min	Pulvermassenstrom
P_L	W	Laserleistung
$R_{p0,2}$	MPa	0,2 % Streckgrenze
R_m	MPa	Zugfestigkeit
S_B	mm	Spurbreite
S_H	mm	Spurhöhe
S_{Hal}	s	Haltezeit zwischen einzelnen Spuren
S_L	mm	Spurlänge
T	°C	Temperatur
t_P	mm	Stärke des Substratbleches
t_S	mm	Stärke des DED-LB/M-Auftrages
V_a	K/s	Abkühlgeschwindigkeit
$\dot{V}_{FG}$	l/min	Fördergasvolumenstrom
$\dot{V}_K$	l/min	Kühlwasservolumenstrom
V_P	mm/s	Prozessgeschwindigkeit
$\dot{V}_{SG}$	l/min	Schutzgasvolumenstrom
$\dot{V}_{SpG}$	l/min	Spülgasvolumenstrom
v	mm/s	Geschwindigkeit der Erstarrung

V	mm/min	Vorschubgeschwindigkeit
$\varnothing_{Spot}$	mm	Laserspotdurchmesser
$\varnothing_{Pulver}$	mm	Pulverfokusdurchmesser
$\alpha_{Coating}$	°	Beschichtungswinkel
λ_1	µm	Primärdendritenabstand
σ_s		Standardabweichung

12 Anhang

12.1 Stand der Technik

12.1.1 Beschichtungseinheiten zur Innenbearbeitung

Tabelle 14: Beschichtungseinheiten zur Innenbearbeitung von Rohrdurchmessern kleiner 100 mm.

Literaturangabe	Minimale Innendurchmesser (mm)	Einstrahltiefe (m)	Laserleistung max. (kW)
[Acu23]	100	3,5	4
[Kub11]	100	1,0	3
[Kuh22]	60	1,0	-
[Kub15]	50	3,0	1,5
[Hor23]	50	12,0	4
[Kar23]	26	2,5	6
[Fle22]	25	2,0	3

12.1.2 DED-LB/M-Gefüge und mechanische Eigenschaften für den nicht wärmebehandelten Zustand

Tabelle 15: DED-LB/M-Gefüge und mechanische Eigenschaften für den nicht wärmebehandelten Zustand.

Verfahrensparameter	**Mechanische Eigenschaften**	**Gefüge**	**Quelle**
P_L = 4000 W v_P = 1600 mm/min $Ø_{Spot}$ = 5 mm f = 50 % h_S= 1,3 mm	ohne zykl. WBH: Rp0,2 = 464 MPa Härte = 298 HV A5 = 33,85 % mit zykl. WBH durch Prozess: Rp0,2 = 745 MPa Härte = 385 HV A5 = 22,46	Epitaxiales Kornwachstum in Built Direction (BD) (100–500 µm) Laves-Phase interdendritisch mit hohem Nb-Anteil γ'' und γ' in Bereichen mit zyklischer Wärmezufuhr	[Li20]
P_L = 1800 W v_P = 1000 mm/min $\dot{m}$ = 18 g/min $Ø_{Spot}$ = 3 mm $\dot{V}_{FG}$ = 7 l/min	$R_{p0,2}$ = 575 MPa R_m = 772 MPa	k. A.	[Gle21]
P_L = 1800 W v_P = 1000 mm/min $\dot{m}$ = 18 g/min	Abkühlzeit wird über die Verweilzeit zwischen den Schichten geregelt Steigende Abkühlzeit erhöht Streckgrenze und Zugfestigkeit $R_{p0,2}$ = 600 MPa R_m = 800 MPa	Größe der Laves-Phasen steigt mit steigender Abkühlrate Durch zyklische Wärmeeinbringung wird δ ausgeschieden und sorgt für eine Feinung der Laves-Phase	[Ben21]
P_L = 200–700 W v_P = 300–1050 mm/min $\dot{m}$ = 1,9 g/min	$R_{p0,2}$ = 550–703 MPa R_m = 838–958 MPa A_5 = 33–38 %	k. A.	[Maz21]

12.1.3 Zyklische ‚In-situ'- bzw. ‚intrinsische' Wärmebehandlung

Tabelle 16: Veröffentlichungen zu zyklischer ‚In-situ'- bzw. ‚intrinsischer' WBH

Gegenstand der Untersuchungen	Verfahrensparameter	Mechanische Eigenschaften	Gefüge	Quelle
PBF-LB/M; intrinsische WBH	P_L = 350 W V_P = 1000 mm/s h_S = 40 µm f = 80 µm	Härteanstieg: 20–35 HV	Nur γ' bildet sich beim ersten Zyklus Bei wiederholter Wärmeeinbringung bildet sich γ''	[Yan19]
Wiederaufschmelzen	k. A.	k. A.	Durch das Wiederaufschmelzen entsteht eine deutlich feinere, gerichtete, dendritische Struktur mit säulenförmigen γ''-Ausscheidungen	[Tem20]
Wiederaufschmelzen	P_L = 1000 W V_P = 6–220 mm/s $\dot{m}$ = 13,5 g/min	Härteanstieg um 10 HV durch Wiederaufschmelzen	Kolumnare Dendriten entstehen durch Wiederaufschmelzen, mit einer deutlich kleineren Korngröße Die Prozessgeschwindigkeit beeinflusst die Auflösung und Verfeinerung der Laves-Phase. Bei niedrigen Prozessgeschwindigkeiten wird bis zu 20 % Laves-Phase gelöst, während bei hohen v die Laves-Phasen-Morphologie verfeinert wird Die Laves-Phase hat vor dem Wiederaufschmelzen eine breite Nadelmorphologie und tritt danach als feine Dispersion auf	[Xin20]
Wiederaufschmelzen	P_L = 45–245 W V_P = 25–200 mm/s $Ø_{Spot}$ = 125–500 µm h_S = 1 mm	k. A.	Texturierte γ''-Ausscheidungen in Verbindung mit feinen Dendriten Mikrorisse werden durch das Wiederaufschmelzen vollständig entfernt	[Tem21]
DED-LB/M; Intrinsische WBH Lösungsglühen	P_L = 120–200 W V_P = 15–20 mm/s	k. A.	Wiederaufgeschmolzene Zone mit durch die hohe Abkühlrate deutlich feinerer Mikrostruktur entsteht durch intrinsische Wärmebehandlung (IHT)	[Sui22]

	$\dot{m}$ = 8–10 g/min ØSpot = 1 mm f = 0,4 mm t = 30–180 s		Laves-Phasen-Morphologie verändert sich von Nadeln zu Körnern mit steigender IHT-Zeit IHT mit 180 s reduziert den Laves-Phasen-Anteil um 63 % Durch IHT wird die durch Segregation entstandene inhomogene Elementverteilung homogenisiert. Dadurch bilden sich die Sekundärphasen in der Matrix deutlich gleichmäßiger als im unbehandelten Prozess	
DED-LB/M; IHT mit 1 s und 10 s Verweilzeit zwischen den Lagen	P_L = 900 W V_P = 15 mm/s $\dot{m}$ = 8 g/min $Ø_{Spot}$ = 2 mm h_S = 0,25 mm	Bei 1 s Verweilzeit kommt es zu deutlichen Härteunterschieden zwischen den unteren und oberen Schichten (260 HV unten, 310 HV oben) Härten bei 10 s Verweilzeit (240–260 HV)	λ_1 nimmt mit steigender Bauhöhe deutlich zu Durch das Wiederaufschmelzen wird epitaxiales Kornwachstum gefördert Die Intensität der IHT hat keinen Einfluss auf Versetzungsdichte und Eigenspannungen Durch die Diffusion bei der IHT kommt es zur Seigerung verschiedener Elemente und daraus resultierender Metallkarbid(MC)-, Laves- und δ-Bildung Mit der Dauer der IHT steigt der Anteil an MC und Laves Mit steigender IHT-Intensität löst sich die Laves-Phase auf und δ wird ausgeschieden	[Kon22]

12.1.4 Beschichten

Tabelle 17: Beschichten mittels Laserauftragschweißens

Gegenstand der Untersuchungen	**Verfahrensparameter**	**Wärmebehandlung/Gefüge**	**mechanische Eigenschaften**	**Quelle**
Beschichtung von Zugproben, um die Festigkeit zu steigern	P_L = 1800–2400 W V_P = 22 mm/s $\dot{m}_p$ = 17 g/min $Ø_{Spot}$ = 2 mm $\dot{V}_{FG}$ = 10 l/min Substrat = 27SiMn Stahl	Keine WBH	$R_{p0,2}$ = 415–970 MPa R_m = 595–1141 MPa	[Shu22]
Optimierung der Beschichtungsparameter für Alloy 718	Untersuchung des Einflusses von P_L, V_P, $\dot{m}_p$ auf die Mikrohärte, R_m, $R_p0{,}2$, R_m und A5	Keine WBH	P_L hat einen signifikanten Einfluss auf Rp0,2, R_m und A5 V_P hat einen signifikanten Einfluss auf R_m $\dot{m}p$ hat einen signifikanten Einfluss auf die Mikrohärte und $R_p0{,}2$ Reduktion der Laves-Phase über Verfahrensparameter	[Xu23]
Untersuchung von Tribologie und Korrosion von Alloy-718-Beschichtungen auf Bremsscheiben	P_L = 600 W v_P = 10 mm/s $\dot{m}p$ = 4 g/min $Ø_{Spot}$ = 2 mm $\dot{V}_{FG}$ = 14 l/min Laser = 3kW Substrat = Stahl	Keine WBH	Anbindung zwischen Substrat und Beschichtung nachgewiesen Härte der Beschichtung um 50 % höher als Substrat (290–>430 HV)	[Chi22]

Beschichtungs-system	$Ø_{Spot}$= 2 mm SO = 12 mm $\alpha_{Coating}$ = 5,2° $\dot{V}_{FG}$ = 15 l/min Argon Laser = Coherent 1000F diode laser Einfache Beschichtung: P_L = 740 W V_P = 4 mm/s $\dot{m_p}$ = 5,2 g/min E_V = 92,5 J/mm² f = 45 % Material = Metco 16C NS Doppelte Beschichtung Alloy 718: V_P = 4 mm/s P_L = 800 W E_V = 100 J/mm² $\dot{m_p}$ = 5 g/min f = 45 % Metco 16C-NS: V_P = 4.5 mm/s P_L = 700 W E_V = 77,7 J/mm² $\dot{m_p}$ = 5,2 g/min f = 50 %	Keine WBH	Härte: Metco 16 C-NS = 670 HV0.2 Härte Alloy 718 = 247 HV0.2 Härte WEZ des Substrates = 360 HV (Härtesteigerung um 50 % zur Grundhärte Substrat)	[Sta16]

	Material = Alloy 718 & NicrBSi Substrat = Stahl			
Umschmelzen von DED-LB/M-Beschichtung	P_L = 1500 W V_P = 8 mm/s $\dot{m}_p$ = 12 g/min h_S = 100-150 µm f = 50 % $\dot{V}_{SG}$ = 12 l/min Argon Düse = koaxial Umschmelzen der Beschichtung P_L = 3500 W V_P = 25–50 mm/s $\dot{V}_{SG}$ = 15l/min	Wärmeeintrag durch Laserumschmelzen Die Beschichtungen und umgeschmolzenen Lagen werden auf 1400 °C aufgeheizt und dann in einer Argon-Atmosphäre mit 10 K/min gekühlt	Mikrostruktur: Bei umgeschmolzener Spur beträgt die Länge und Breite der kolumnaren Dendriten: 36,6 +/-2,9 µm (Länge) und 2,4 +/-0,23 µm (Breite) EDX: IN718-Beschichtung enthalten γ"- und δ-Größe γ" = 10–30 nm Härte = 276 HV0.3 (25mm/s)–291 HV0.3 (50 mm/s)	[Zha13]

12.1.5 Innenbeschichten

Tabelle 18: Innenbeschichten mittels DED-LB/M

Gegenstand der Untersuchungen	Verfahrensparameter	mechanische Eigenschaften/Beobachtungen	Quelle
Entwicklung Innenbeschichtungsoptik für Innendurchmesser Ø ≥ 50 mm	P_L = 3000 W für 20 min $Ø_{Spot}$ = 3 x 1,5 mm (IBO2-60), ca. 2 mm (IBO2-0) b_S = 1–3 mm h_S = 0,4–1 mm $\alpha_{Coating}$ = 60° Laterale Materialzuführung Länge Lanze: 300 mm (max. Einstrahltiefe 250 mm)	Keine Eigenschaften ermittelt	[Kar04]
Innenbeschichtung von Rohren	PL = 1300–2100 W V_P = 5,8–8,3 mm/min $\dot{m}_P$ = 6–26 g/min	Beschichtung aus TiC mit 25 wt.-% CoCr auf einer CoCrMo-Zwischenschicht BEO mit Koaxialdüse erlaubt einen präzisen Pulverauftrag unabhängig von der Ausrichtung der Düse und der Schweißposition.	[Now12]
DED-LB/M für Innenbeschichtung	P_L = 1600–2800 W $\dot{m}_p$ = 15,20 & 25 g/min $Ø_{Spot}$ = 1 mm SO = 8 mm $\dot{V}_{FG}$ = 6 l/min $\dot{V}_{SG}$ = 12l/min Substrat = 1.0308 Material = Alloy 625	Schichtdicken abhängig von Spurversatz Rissfreie Schichten erzeugbar	[Sch16]

12.1.6 Additive Fertigung

Tabelle 19: Additive Fertigung mittels DED-LB/M

Gegenstand der Untersuchungen	**Verfahrensparameter**	**Wärmebehandlung/Gefüge**	**mechanische Eigenschaften**	**Quelle**
DED-LB/M: Mikrostruktur und Eigenspannungen	P_L = 1200 W V_P = 6 mm/s $\dot{m_p}$ = 8–12 g/min $Ø_{Spot}$ = 2,5 mm d_Z = 0,3 mm f = 25 % PSD = 150 µm $\dot{V}_{SG}$ = 4–8 l/min	Mikrostrukturuntersuchung T = 950–1250 °C, t = 1h Korngrößen im Bereich 100–500 µm Proben für Zugversuche Ohne WBH T = 1100 °C t = 3 h	Härte = 250–330 HV	[Liu11a]
DED-LB/M: Auswirkungen von Rekristallisation auf Mikrostruktur	P_L = 2000–2200 W V_P = 6 mm/s $\dot{m_p}$ = 5–8 g/min $Ø_{Spot}$ = 3 mm $\dot{V}_{SG}$ = 4–8 l/min (Ar) f = 3 mm d_Z = 0,3 mm Laser = 5 kW CO_2 Düse = koaxial	Mikrostrukturuntersuchung T = 1100 °C t = 10, 15, 30 und 60 min Kühlung = Wasserbad Für Zugversuche T1 = 1100 ºC bis T4 = 620 ºC 1,5 h Lösungsglühen	Primärdendritenabstand = 5–10 µm Zugversuche R_m = 1200–1250 MPa bis R_m = 1300 MPa Ohne WBH: R_m = 700 MPa bis R_m = 900–930	[Liu11b]

Untersuchung der Spurüberlappung auf die Mikrostruktur	P_L = 2500 W V_P = 8 mm/s $\dot{m}_p$ = 16 g/min $Ø_{Spot}$ = 3 mm f = 20, 30, 40, 50 % $\dot{V}_{SG}$ = 6 l/min d_Z = 3 mm	Zeit = 5 min, 15 min, 30 min, 60 min T = 1100°C Betrachtung der Korngrößen: Steigende Überlappung führt zu kleinerer Korngröße Nach 5 min noch keine Gefügeveränderung Nach 15 min partielle Rekristallisation Nach 30 min sind die kolumnaren Körner durch rekristallisierte, equiaxiale Körner substituiert		[Cao13]
DED-LB/M: Mikrostruktur	PL = 300–500 W V_P = 200–400 mm/min $\dot{m}_p$ = 18–55 g/min PSD = 40–90 µm	Nein	Mikrostrukturuntersuchung Porosität = 0,2 +/- 0,1 % Porengröße = 40–100 µm Primärdendritenarmabstand (λ_1) = 5 µm (vgl. gegossen ca. 10–40 µm) Bestimmung Abkühlrate über λ_1 = 10^2–10^3 K/s	[Lak14]

12.1.7 Reparatur

Tabelle 20: Reparatur mittels DED-LB/M

Gegenstand der Untersuchungen	Verfahrensparameter	Wärmebehandlung	Ergebnisse	Quelle
Prozessstrategie für die Reparatur von Turbinenschaufeln	P_L = 250 W V_P = 600 mm/min $\dot{m}_P$ = 1 g/min $Ø_{Spot}$ = 1,1 mm f = 62 % $\dot{V}_{FG}$ = 3 l/min $\dot{V}_{SG}$ = 7 l/min	Nein	Near-Net-Shape-Reparatur der Spitze eines Turbinenblattes ist mit den gegebenen Verfahrensparametern möglich Die Prozessstrategie wird auf Basis der Schaufelgeometrie (Kontourfahrt + Volumenfüllung) entwickelt	[Üna20]
Reparatur von Luftfahrtkomponenten mit Alloy 718	P_L = 2350–2650 W V_P = 500–700 mm/min $\dot{m}_P$ = 6–10 g/min	Nein	Härte: 250–350 HV 1. Wenn P_L steigt, nimmt die Härte ab 2. Wenn v_P steigt, nimmt die Härte zu 3. Wenn $\dot{m}_P$ steigt, nimmt die Härte zu	[Kum17]
Reparatur von Luftfahrtkomponenten mit Rene 80	P_L = 800–1700 W V_P = 320–680 mm/min $\dot{m}_P$ = 5–11 g/min $Ø_{Spot}$ = 1,2–1,8 mm	Nein	P_L beeinflusst Schmelzbadbreite v_P und $\dot{m}_P$ beeinflussen Schmelzbadhöhe	[Gra13]
Reparatur von Turbinenschaufeln aus Alloy 718 mit aktiver Regelung der Schmelzbadtemperatur	P_L = 500 W V_P = 500 mm/min $\dot{m}_P$ = 1,5 g/min	Nein	Reduktion der Rissanfälligkeit Geometriegenauigkeit wird verbessert Reduktion von Anisotropie	[Bi11]

BLISK-Reparatur	P_L = 450–650 W V_P = 500 mm/min $\dot{m}_p$ = 20–30 mg/s $Ø_{Spot}$ = 1,3 mm $\dot{V}_{SG}$ = 30 l/min Kühlzeiten zwischen den Schichten: 2 min	Ja	Mechan. Eigenschaften Alloy 718 bei RT: Liegend ohne WBH: R_m = 924 MPa $R_{p0,2}$ = 594 MPa A = 35 % Härte = 250–330 HV Liegend mit WBH R_m = 1332 MPa $R_{p0,2}$ = 1155 MPa A = 15 % Liegend bei ET = 650°C: R_m = 1100 MPa $R_{p0,2}$ = 900 MPa A = 11 %	[Kel06]
DED-LB/M als Reparaturtechnologie von Gasturbinenbrennern aus Alloy 718	P_L = 450–650W v_P = 600–1000 mm/min $\dot{m}_p$ = 5–15 g/min $Ø_{Spot}$ = 1–2,2 mm f = 30 % PSD = 45–90 µm $\dot{V}_{FG}$ = 4 l/min $\dot{V}_{SG}$ = 5–10 l/min Düse: 3-Strahl	Nein	Aufbau von Hohlzylindern mit drei unterschiedlichen Geometrien Geometrieabweichungen werden erfasst Untersuchung zeigt, dass unterschiedliche Spurbreiten für die Erzeugung von konturnahen Bauteilen möglich sind	[Pet16]

12.1.8 Simulative, messtechnische Analyse

Tabelle 21: Simulative, messtechnische Analyse

Gegenstand der Untersuchungen	Verfahrensparameter	Untersuchungen und Ergebnisse	Quelle
DED-LB/M Simulativer Ansatz	P_L = 250 W V_P = 500 mm/min $\dot{m}_p$ = 1 g/min Düse = koaxial	Mathematische Auslegung des DED-LB/M-Prozesses Betrachtung der Auswirkung der Laserintensität, der Pulverpartikel und des PGS auf die Schmelzbadformung und die resultierende Schmelzbahn Intensitätsverteilung Laser: Gauß Ergebnisse: Über 50 % der Pulverpartikel erreichen die Schmelztemperatur bei einer Laserleistung von 300 W und einem Absorptionsgrad von 30 %	[Pir17]
DED-LB/M Einfluss PGS bei großen Pulvermassenströmen	P_L = 2,9 kW V_P = 1500 mm/min $\dot{m}_p$ = 2,7 kg/h $Ø_{Spot}$ = 4 mm PSD = 45–90 µm	<u>Ergebnisse metallografische Analyse</u> Spurhöhe mit kontinuierlicher Düse 18 % größer Aufmischung bei 3-Strahldüse ca. 4x kleiner Spurfläche: 3-Strahl = 2,93 mm²; kontinuierliche = 3,35 mm² Auftragwirkungsgrad: 3-Strahl = 80,5%; kontinuierliche: 92%	[Zho17]

12.1.9 Lokale Laserwärmebehandlung

Tabelle 22: Veröffentlichungen zu lokaler LWBH von Stählen

Werkstoff	**Verfahrens-parameter**	**Mechanische Eigenschaften**	**Gefüge**	**Quelle**
Dualphasenstahl	P_L = 2200–2800 W v_P = 500–5000 mm/s	Härte: Anstieg von 230 auf 370 HV0.5 $R_{p0,2}$: Anstieg von 520 auf 570 MPa R_m: Anstieg von 600 auf 650 MPa A_5: Abfall von 24 auf 16 %	Deutliche Erhöhung des Martensitanteils (20 auf 40 %) und Bainitanteils (2 auf 55 %) durch WBH bei Reduktion des Ferrits (75 auf 5 %)	[Asa10a; Asa12; Asa11; Pal09; Asa10b]
Komplexphasenstahl	P_L = 2200–2800 W v_P = 500–5000 mm/s	Härte: Anstieg von 230 auf 370 HV0.5		[Asa10a; Pal09; Asa10b]
Hochfester Stahl	P_L = 4000 W v_P = 4 mm/s $Ø_{Spot}$ = 20 mm	Härte: Anstieg von 150 auf 600 HV	Lokale LWBH für eine Umwandlung zu feinen ferritischen Korngrößen < 5 µm	[Jär15]
Komplexphasenstahl Martensitischer Stahl	Variation	Zugfestigkeit wird verkleinert durch Gefügeumwandlung, Bruchdehnung erhöht: CP-W800 von 11 auf 20 % Docol1200 von 6 auf 27 % MS-W1200 von 5 auf 18 % MBW1500 von 4 auf 19 %	Lokale LWBH: Verbesserung der Umform- und Funktionseigenschaften von hochfesten Stählen Für martensitische Stähle nimmt die Härte ab und die Bruchdehnung zu Für Komplexphasenstahl nimmt die Härte durch die Ausscheidungshärtung zu	[Ber13]

12.2 Laserstrahlkaustik

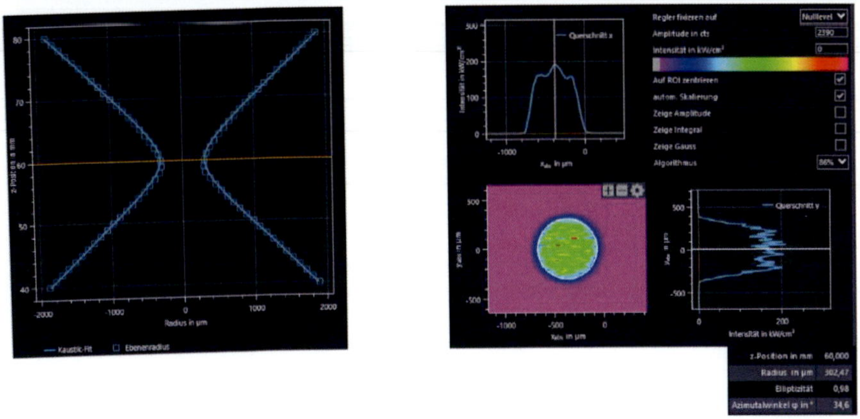

Abbildung 12-1: Laserstrahlkaustik in Fokuslage (**d**$_L$ = 0,61 mm bei **P**$_L$= 500 W), Supergaußannäherung.

12.3 Zertifikat des pulverförmigen Schweißzusatzwerkstoffes

AP&C
A GE Additive Company

3765 La Vérendrye, suite 110, Boisbriand, Quebec, Canada, J7H 1R8
Tel. (+1) 450.434-1004; Fax: (+1) 450-434-1200
www.advancedpowders.com

F-062 Rev. I

MATERIAL CERTIFICATE No: MC-17-0798

Customer: Fraunhofer ILT. Institut für Lasertechnik, Steinbachstrasse 15, 52074 Aachen, Germany.
Purchase Order: 031/284083/330 — **Internal Order:** ORD8537
Material Description: Inconel 718 powder — **Laboratory No:** 17-5006
Size: 15-45 µm — **Lot #:** 17-A047/15-45
Specification: ASTM F3055 — **Quantity:** 30 kg

POWDER COMPOSITION (weight percent)				
Element	**ASTM F3055**	**Measured**	**Testing method**	**Status**
Carbon, max.	0.08	0.04	ASTM E1019	Conforming
Manganese, max.	0.35	0.15	ASTM E1097	Conforming
Silicon, max.	0.35	0.04	ASTM E1097	Conforming
Phosphorus, max.	0.015	< 0.002	ASTM E1097	Conforming
Sulfur, max.	0.015	< 0.001	ASTM E1019	Conforming
Chromium, range	17.0 - 21.0	18.3	ASTM E1097	Conforming
Cobalt, max.	1.0	< 0.1	ASTM E1097	Conforming
Molybdenum, range	2.80 - 3.30	2.98	ASTM E1097	Conforming
Niobium +Tantalum, range	4.75 - 5.50	5.04	ASTM E1097	Conforming
Titanium, range	0.65 - 1.15	0.93	ASTM E1097	Conforming
Aluminum, range	0.20 - 0.8	0.49	ASTM E1097	Conforming
Iron	Remainder	Remainder	ASTM E1097	Conforming
Copper, max.	0.3	< 0.1	ASTM E1097	Conforming
Nickel, range	50.00 - 55.00	52.53	ASTM E1097	Conforming
Boron, max.	0.006	< 0.001	ASTM E1097	Conforming
Oxygen	Not specified	0.022	ASTM E1019	NA
Nitrogen	Not specified	0.010	ASTM E1019	NA
Chemical analysis laboratory: Luvak Inc. (722 Main Street, P.O. Box 597, Boylston MA, 01505)				

POWDER CHARACTERIZATION			
Description	**Required**	**Measured**	**Status / Comments**
Particle size distribution per ASTM B214			
Particle Size (µm)	**% By Mass**	**% By Mass**	
> 45	Not specified	1.8	NA
≤ 45	Not specified	98.2	NA
Particle size distribution per ASTM B822 (Coulter® LS Particle Size Analyzer)			
D_{10}	Not specified	19 µm	NA
D_{50}	Not specified	32 µm	NA
D_{90}	Not specified	43 µm	NA
< 15 µm	Not specified	4 % by volume	NA
Flow Rate per ASTM B213			
Flow Rate (sec. for 50 g)	Not specified	12	NA
Apparent Density per ASTM B212			
Apparent Density (g/cm³)	Not specified	4.60	NA
Analyses were done by AP&C at their location			
We hereby certify that the above values conform to the requirements of Purchase Order 031/284083/330.			

2017-11-01
Date

Catherine Lavoie
Quality department

AP&C submits this certification as the confidential property of the client. It shall not be reproduced except in full, without the written approval of Quality department of AP&C. The recording of false, fictitious, or fraudulent statements or entries on the certificate may be punished as a felony under federal law.

12.4 Anforderungen Systemtechnikprototyp 1

Tabelle 23: Aufstellung der Anforderungen an die Beschichtungseinheit für die Voruntersuchungen zum minimalinvasiven DED-LB/M.

Kategorie	Anforderung	Details	Werte	Wertigkeit
Geometrie	Bauraum	Erforderliche Einstrahltiefe	> 70 mm	Festforderung
		Abstand zur begrenzenden Fläche (X- Richtung) / Prototyp	1,5	Festforderung
			1,0 mm	Wunsch
	Brennweite der Fokussierlinse		300 mm	Festforderung
	Laserstrahldurchmesser	Vor Eintritt in Prototyp	28 mm	Festforderung
	Laserstrahldurchmesser	In der Bearbeitungsebene	1,5 mm	Festforderung
	Zylindertubus-durchmesser	Zur Anbindung an die Adaptereinheit	58 mm	Festforderung
	Zylindertubuslänge		≥ 50 mm	Festforderung
	Strahlgeometrie	Durchmesser an der Öffnung der Kavität bei eingetauchter Beschichtungseinheit	≤ 7 mm	Festforderung
Kinematik	Verfahrweg	X - Richtung in Kavität zu Mittelachse	3 mm	Wunsch
		Y - Richtung	> 70 mm	Festforderung
		Abstand zur begrenzender Fläche (Richtung Z+) in Kavität	2 mm	Festforderung
			4 mm	Wunsch
	Rotation	um X - Achse innerhalb der Kavität	+- 10°	Festforderung
Energie	Max. Laserleistung		400 W	Festforderung
	Laserstrahlquelle		ND-YAG	Festforderung
	Kühlung	Konvektion		Wunsch
	Belastungsdauer	Belastungsdauer des Umlenkspiegels bei max. Laserleistung	9 s	Festforderung
			20 s	Wunsch
Stoff	Hauptkomponenten der Innenbeschichtungseinheit	Edelstahl		Festforderung
	Umlenkspiegel	Kupfer		Festforderung
	Pulverdüse	Messing		Festforderung
	Schutzgasdüse	Kupfer		Festforderung
	Befestigungsschrauben	Edelstahl		Festforderung
Fertigung	Standardkomponenten	Nach Möglichkeit Normteile verwenden		Festforderung
Handhabung	Bedienung / Wartung	Frei einstellbare/justierbare Komponenten		Festforderung
		Wartungsarm		Wunsch
		Wartung Beschränkt auf prozessbelastete Teile		Wunsch
	Modular	Pulverdüse austauschbar		Festforderung
		Schutzgasdüse austauschbar		Festforderung
		Umlenkspiegel austauschbar		Festforderung

12.5 Modellkavität

Für die Laboruntersuchungen zum minimalinvasiven Laserauftragschweißen steht die in Abbildung 12-2 dargestellte Modellkavität zur Verfügung. Die Modellkavität ist aus einer strukturellen Triebwerkskomponente, bestehend aus Alloy 718 Feinguss, entnommen. Die Modellkavität verfügt über zwei Zugangsöffnungen für die Systemtechnik und eine Zugangsöffnung zur Prozessbeobachtung.

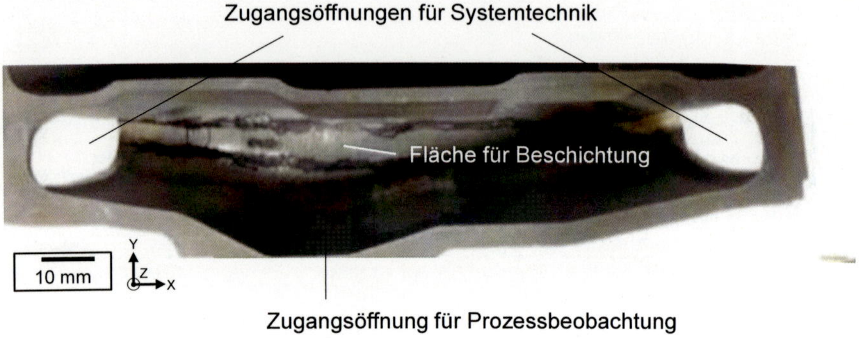

Abbildung 12-2: Modellkavität für Beschichtungsversuche.

12.6 Berechnung der thermischen Belastung des Umlenkspiegels

Die thermische Belastung des Umlenkspiegels wird unter Berücksichtigung folgender Annahmen berechnet:

Laserleistung: $P_L = 400\ W$

Prozesszeit: $t_P = 9\ s$

Prozessgeschwindigkeit: $v_P = 500 \frac{mm}{min}$

Beschichtungslänge: 75 mm

Laserstrahldurchmesser am Umlenkspiegel: $d_{LS} = 1{,}5\ mm$

Masse des Umlenkspiegels: $m_S = 2\ g$

spezifische Wärmekapazität Kupfer: $C_{Cu} = 383\ \frac{J}{kg*K}$.

Die Wärmeenergie Q_L [Kuc01] durch Absorption der Laserstrahlung an der Spiegeloberfläche des Umlenkspiegels berechnet sich durch

12-1 $$Q_L = m_S \times C_{Cu} \times \Delta T$$

Dabei ist m_S die Masse des Umlenkspiegels, C_{Cu} die spezifische Wärmekapazität von Kupfer und ΔT die Temperaturdifferenz, um die der Spiegel erwärmt wird. Wird 1 % der Laserleistung durch den Spiegel absorbiert, wird dieser mit einer thermischen Leistung von $P_W = 4\ W$ belastet. Dadurch ergibt sich mit [Kuc01]

12-2 $$Q_L = P_W \times t_P$$

eine eingebrachte Wärmeenergie von

12-3 $$Q_L = 4\ W \times 9\ s = 36\ J.$$

Aus 12-2 und 12-3 folgt

12-4 $$\Delta T = \frac{Q_L}{m_S \times C_{Cu}}$$

und somit

12-5 $$\Delta T = 47\ °C.$$

Dies bedeutet, dass bei einer maximalen Prozesszeit von neun S eine Temperaturerhöhung des Spiegels um ca. 47 °C auf 67 °C zu erwarten ist.

12.7 Simulationsrechnung DED-LB/M-Prozessfenster

Um den experimentellen Aufwand in den Voruntersuchungen zum minimalinvasiven Laserauftragschweißen möglichst gering zu halten, wird ein Prozessfenster mittels Simulationsrechnung identifiziert. Hierzu wird die Software ‚LMD Track Computation' (Fraunhofer ILT, Aachen, Deutschland) genutzt, mit dem das freie Randwertproblem für das pulverbasierte Laserauftragschweißen numerisch gelöst werden kann. Das heißt, mit dieser Software können die Schmelzraupengeometrie, der Pulverwirkungsgrad und die Temperaturverteilung in Einzel- und Überlappspuren zeit- und ortsaufgelöst berechnet werden. Die Vorgehensweise (mathematisches Modell und numerische Algorithmen) für die Simulationsrechnung ist in [Pir12] beschrieben.

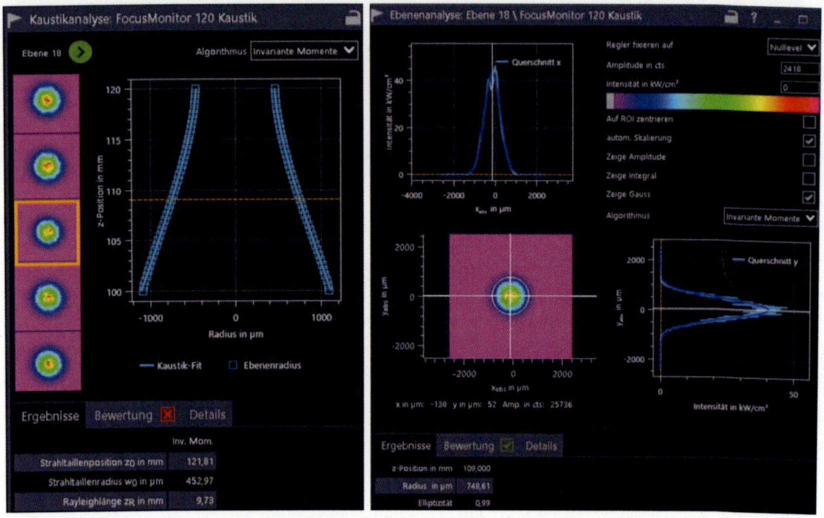

Abbildung 12-3: Laserstrahlkaustik der Fokussieroptik und Strahlprofil.

Randbedingungen für die Simulationsrechnung:

- Laserleistung: P_L= 320 W
- Pulvermassenstrom: $\dot{m}p$ = 3,5 g/min
- Prozessgeschwindigkeit: V_P = 300 mm/min und 500 mm/min
- Spurversatz: f = 0,7 mm
- Spurlänge: S_L = 6 mm
- Intensitätsverteilung in der Prozessebene (vgl. Abbildung 12-3)
- Grundmaterialstärke: 0,5 mm und 1 mm
- Verfahrstrategie: Lineare Bewegung entlang der Modellgeometrie (Abbildung 12-14) bzw. der Zugprobengeometrie (Abbildung 12-20)

- Abbildung der Partikeldichte im Modell über Super-Gauß-Ansatz [Pir17]
- Thermophysikalische Materialeigenschaften (Wärmeleitfähigkeit, Wärmekapazität, Dichte, T Solidus und Liquidus, Schmelzwärme) für das Substrat und den Zusatzwerkstoff sind [Pot02] entnommen

Das Finite-Elemente (FE)-Netz besteht aus 522 960 linearen Hexaeder-Elementen mit 542 593 Knotenpunkten (vgl. Abbildung 12-4).

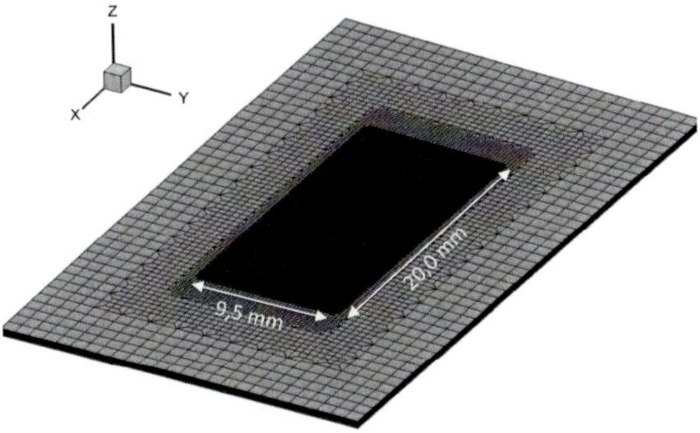

Abbildung 12-4: (FE)-Netz

Die in Abbildung 12-5 dargestellte Modellrechnung für eine Bauteildicke von 0,5 mm zeigt, dass bei den gegebenen Randbedingungen und einer Vorschubgeschwindigkeit von 300 mm/min im Spurüberlapp die Bauteilunterseite angeschmolzen wird.

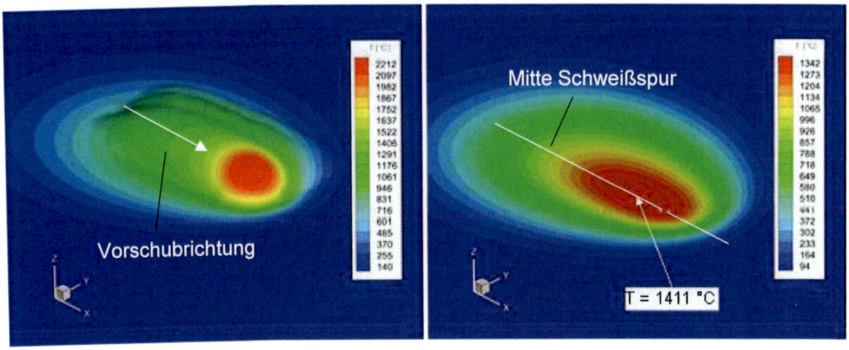

Abbildung 12-5: Links: 3-D-Isoplethendarstellung der Temperatur dreier überlappender Schweißspuren an der Bauteiloberseite; rechts: 3-D-Isoplethendarstellung der Temperatur dreier überlappender Schweißspuren an der Bauteilunterseite. Die Schmelztemperatur wird an der Bauteilunterseite überschritten.

Abbildung 12-6 zeigt am Beispiel einer Vorschubgeschwindigkeit von 500 mm/min, dass der Beschichtungsprozess für ein 0,5 mm starkes Grundmaterial so eingestellt werden kann, dass die Temperatur an der Bauteilunterseite die

Schmelztemperatur bei einer Laserleistung von 320 W und einer Spurhöhe von ca. 0,75 mm nicht überschreitet.

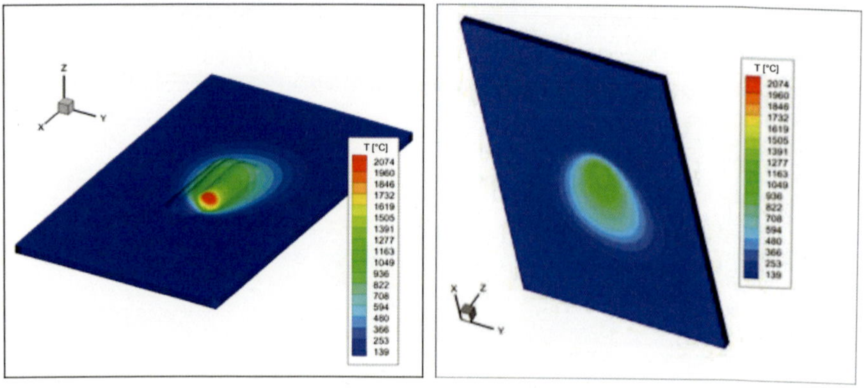

Abbildung 12-6: Links: 3-D-Isoplethendarstellung der Temperatur dreier überlappender Schweißspuren an der Bauteiloberseite; rechts: 3-D-Isoplethendarstellung der Temperatur dreier überlappender Schweißspuren an der Bauteilunterseite. Die Schmelztemperatur wird an der Bauteilunterseite nicht überschritten.

Abbildung 12-7 zeigt am Beispiel einer Vorschubgeschwindigkeit von 500 mm/min, dass der Beschichtungsprozess für ein 1 mm starkes Grundmaterial so eingestellt werden kann, dass eine schmelzmetallurgische Verbindung der Schicht zu erwarten ist. Eine Verifikation dieser Aussage kann über die sich anschließenden Laborversuche erfolgen.

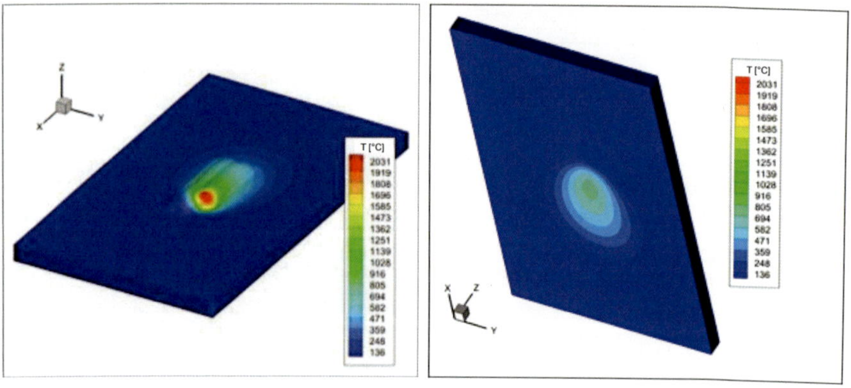

Abbildung 12-7: Links: 3-D-Isoplethendarstellung der Temperatur von drei überlappenden Spuren zum Prozessende an der Bauteiloberseite; rechts: 3-D-Isoplethendarstellung der Temperatur von drei überlappenden Spuren zum Prozessende an der Bauteilunterseite. Die Schmelztemperatur wird nicht überschritten.

In Abbildung 12-8 sind die 3-D-Isoplethendarstellungen an der Bauteiloberseite aus Abbildung 12-6 und Abbildung 12-7 gegenübergestellt. Damit ist ein Prozessfenster identifiziert, mit dem Überlappspuren auf Grundmaterialstärken zwischen 0,5 mm und 1 mm aufgebaut werden können, ohne die Bauteilunterseite zu beschädigen.

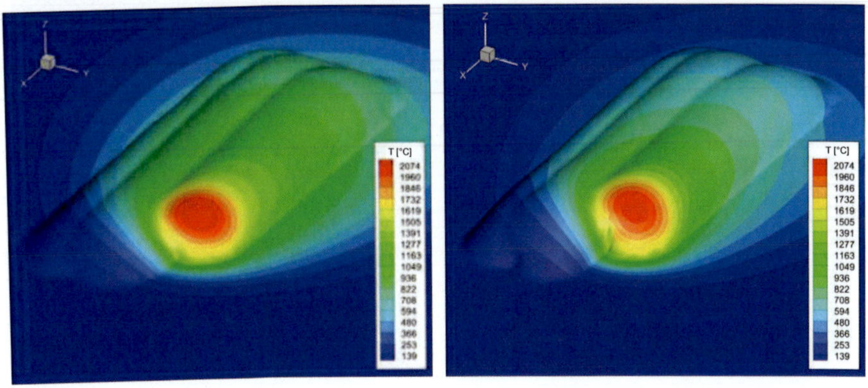

Abbildung 12-8: Links: 3-D-Isoplethendarstellung der Temperatur von drei überlappenden Spuren an der Bauteiloberseite, V = 500 mm/min, Bauteildicke = 0,5 mm; rechts: 3-D-Isoplethendarstellung der Temperatur von drei überlappenden Spuren an der Bauteiloberseite, V = 500 mm/min, Bauteildicke = 1 mm.

Die Lösung der Simulationsrechnung ergibt die dargestellten zeitaufgelösten Temperaturverteilungen sowie die Schichtgeometrie, bestehend aus einer Spurhöhe von 0,75 mm je Einzelspur sowie einer Spurbreite von 1,4 mm in Überlappbearbeitung.

12.8 Beispiele für Flachproben aus der Verfahrensentwicklung

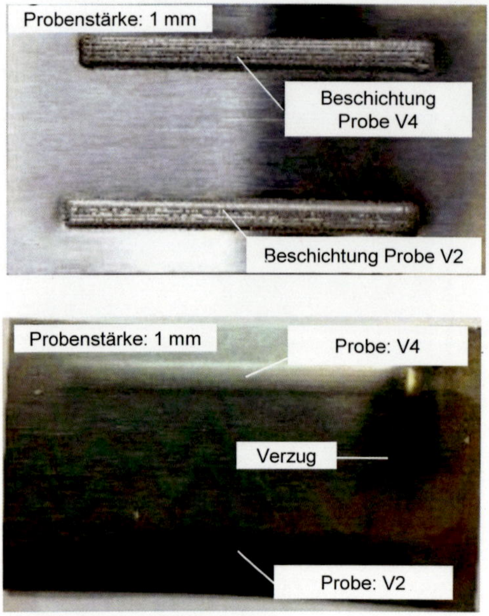

Abbildung 12-9: Oben: Vorderseite eines 1 mm starken Probenbleches mit Lage der Proben V2 und V4; unten: Rückseite mit sichtbarem Verzug durch Wärmeeintrag.

12.9 Simulationsrechnung für Spiegelkühlung

Die aufgenommene Wärmeenergie des Spiegels durch Absorption des Laserstrahls an der Spiegeloberfläche berechnet sich durch Gl. 12-1. Bei einer maximalen Laserleistung von P_L = 400 W, einem Absorptionsgrad von 2 % und einer Prozesszeit von neun S für 75 mm Verfahrweg resultiert durch Gl. 12-2. eine eingebrachte Wärmeenergie [Kuc01] von

12-6 $$Q_L = 10\,W * 9\,s = 90\,J.$$

Daraus resultiert mit Gl. 12-4 eine Temperaturerhöhung um ΔT = 117,5 °C auf 137,5 °C auf der Spiegeloberfläche.

Im nächsten Schritt ist zu prüfen, ob eine Wärmeabfuhr am Umlenkspiegel über den Konvektionsbereich zur Spiegelhalterung ausreichend ist oder eine Wasserkühlung über die Spiegelhalterung vorzusehen ist. Abbildung 12-10 zeigt zwei thermische Simulationen des Umlenkspiegels für eine Lasereinstrahlung von 9 s. Die Wärmesimulationen für eine nichtlineare, stationäre Wärmeübertragung werden mit der Software ‚Autodesk CFD Ultimate 2023' (Autodesk GmbH, München, Deutschland) unter folgenden Randbedingungen durchgeführt:

- Gesamtwärmestrom über den belichteten Bereich: 10 W
- Kühlwasservolumenstrom an Konvektionsfläche: 50 ml/min
- Belichtungszeit: 0–9 s
- Konvektionsbereich: Spiegelfläche

Die thermophysikalischen Kennwerte für Kupfer, Stahl und das Kühlwasser für den Umlenkspiegel sind der Bibliothek der Software entnommen.

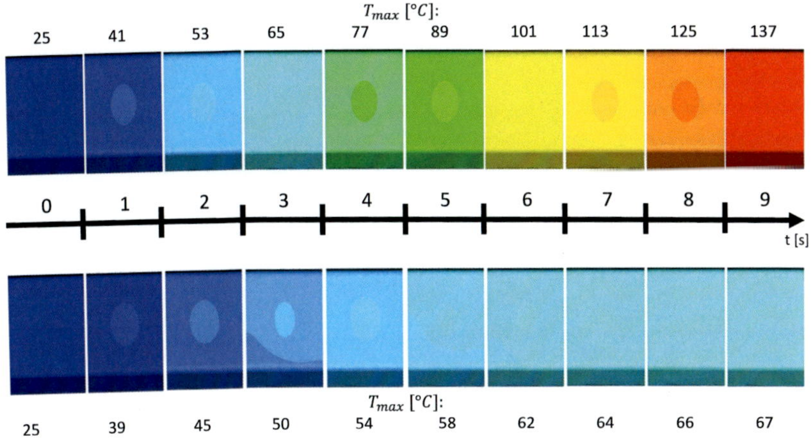

Abbildung 12-10: Ergebnisse der Wärmesimulation: Oben: Kühlung des Umlenkspiegels über den Konvektionsbereich, unten: Kühlung des Umlenkspiegels über den Konvektionsbereich mit einem Volumenstrom von 50 ml/min.

Ebenfalls übernimmt die Software die Vernetzung der erstellten CAD-Modellgeometrie mit Tetraeder-Elementen. Im oberen Teil der Abbildung 12-10 sind die Kühlung des Umlenkspiegels über den Konvektionsbereich zur Spiegelhalterung (oben) und die Kühlung des Umlenkspiegels über den Konvektionsbereich mit einem Volumenstrom von 50 ml/min dargestellt. Bei einer Wärmeabfuhr über die Spiegelhalterung ist die Kühlleistung nicht ausreichend. Bereits nach 6 s werden Temperaturen über 100 °C erreicht. Die Simulation des Temperaturverlaufs bei einer Wasserkühlung weist eine maximale Umlenkspiegeltemperatur von 67 °C auf.

12.10 CAD-Modell des Systemtechnikprototyp 1 nach GOM-Scan

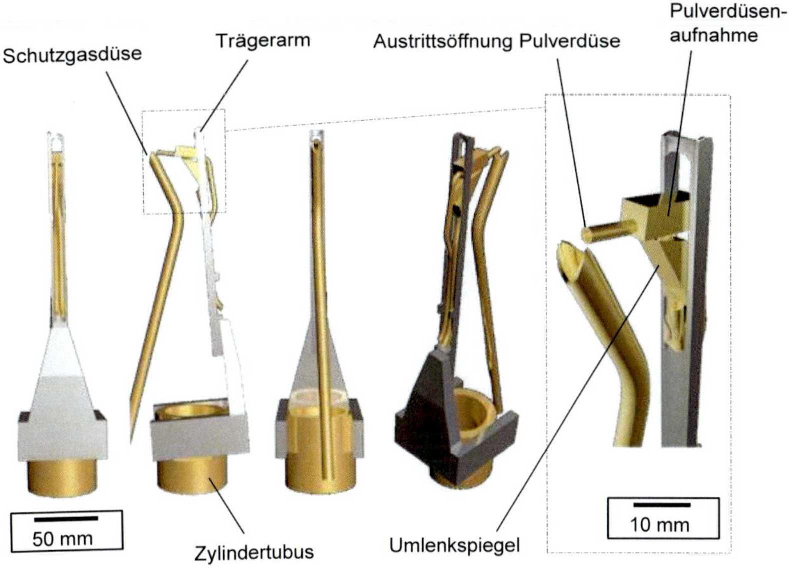

Abbildung 12-11: CAD-Modell des Systemtechnikprototyp 1 nach GOM-Scan.

12.11 Anforderungen Systemtechnikprototyp 2

Tabelle 24: Aufstellung der Anforderungen an die Beschichtungseinheit für die weiterführenden Untersuchungen zum minimalinvasiven DED-LB/M.

Kategorie	Anforderung	Details	Werte	Wertigkeit
Geometrie	Bauraum	Erforderliche Einstrahltiefe	> 75 mm	Festforderung
		Abstand zur begrenzenden Fläche (X- Richtung) / Prototyp	1,5	Festforderung
			1,0 mm	Wunsch
	Brennweite der Fokussierlinse		300 mm	Festforderung
	Laserstrahldurchmesser	Vor Eintritt in Prototyp	28 mm	Festforderung
	Laserstrahldurchmesser	In der Bearbeitungsebene	1,5 mm	Festforderung
	Zylindertubus-durchmesser	Zur Anbindung an die Adaptereinheit	58 mm	Festforderung
	Zylindertubuslänge		≥ 50 mm	Festforderung
	Strahlgeometrie	Durchmesser an der Öffnung der Kavität bei eingetauchter Beschichtungseinheit	≤ 7 mm	Festforderung
Kinematik	Verfahrweg	X - Richtung in Kavität zu Mittelachse	3 mm	Wunsch
		Y - Richtung	> 75 mm	Festforderung
		Abstand zur begrenzender Fläche (Richtung Z+) in Kavität	> 2 mm	Festforderung
			> 4 mm	Wunsch
	Rotation	um X - Achse innerhalb der Kavität	+- 10°	Festforderung
Energie	Max. Laserleistung		400 W	Festforderung
	Laserstrahlquelle		ND-YAG	Festforderung
	Kühlung	Wasserkühlung		Festforderung
	Belastungsdauer	Belastungsdauer des Umlenkspiegels bei max. Laserleistung	9 s	Festforderung
			20 s	Wunsch
Stoff	Hauptkomponenten der Innenbeschichtungseinheit	Edelstahl		Festforderung
	Umlenkspiegel	Kupfer	58°	Festforderung
	Pulverdüse	Messing		Festforderung
	Spülgasdüse	Edelstahl, separat regelbar		Festforderung
	Schutzgasdüse	Kupfer		Festforderung
	Befestigungsschrauben	Edelstahl		Festforderung
	Dichtungsmittel	O-Ring		Festforderung
Signal	Kollisionsschutz	Signalegeber bei Kollision mit Kavität		Festforderung
Fertigung	Standardkomponenten	Nach Möglichkeit Normteile verwenden		Festforderung
Handhabung	Bedienung / Wartung	Fixierte Komponenten zur Vermeidung von Einstellungs- und Bedienfehler		Festforderung
		Wartungsarm		Wunsch
		Wartung Beschränkt auf prozessbelastete Teile		Wunsch
	Modular	Pulverdüse austauschbar		Festforderung
		Schutzgasdüse austauschbar		Festforderung
		Umlenkspiegel austauschbar		Festforderung

12.12 Zeit-Temperatur-Härte-Diagramm

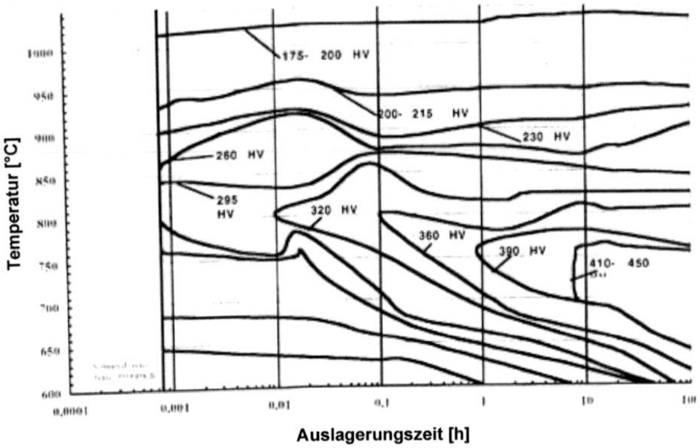

Abbildung 12-12: Zeit-Temperatur-Härte-Diagramm; nach [Aza01].

12.13 Modellrechnungen für die Funktionalisierung mit Laserstrahlung

Die Modellrechnungen für die Funktionalisierung mit Laserstrahlung werden für die Modellgeometrie (Abbildung 12-14) und für die Zugprobengeometrie (Abbildung 12-20) durchgeführt. Das Vorgehen bei der Modellrechnung ist [Pir12, Pir17] zu entnehmen. Ziel der Simulation ist eine Vorabberechnung der resultierenden Temperatur-Zeit-Verläufe als Folge der Applikation mit Laserstrahlung bzw. eine Regelung der Laserleistung, um die Prozesstemperatur in einem vorgegebenen Temperaturbereich zu halten. Für die Regelung der Laserleistung wird im Modell zunächst bei jedem Zeitschritt ein Prädiktorschritt durchgeführt. Überschreitet die Prozesstemperatur die vorgegebene Regeltemperatur von 680 °C, wird die Laserleistung um 0,1 % iterativ so lange reduziert, bis die Prozesstemperatur unterhalb der Regeltemperatur liegt.

Randbedingungen für die Simulationsrechnung:

- Modellgeometrie (Abbildung 12-14); Zugprobengeometrie (Abbildung 12-20)
- Laserstrahldurchmesser: d_L = 9 mm
- Laserleistung bei Simulationsstart: 200 W
- Regeltemperatur: 680 °C
- Vorschubgeschwindigkeiten: 10 mm/min, 1 mm/min und 0,5 mm/min
- Verfahrstrategie: Lineare Bewegung entlang der Modellgeometrie (Abbildung 12-14) bzw. der Zugprobengeometrie (Abbildung 12-20)
- Thermophysikalische Materialeigenschaften (Wärmeleitfähigkeit, Wärmekapazität, Dichte) sind [Pot02] entnommen.
- Meshparameter: Hexaederelemente mit linearen Ansatzfunktionen
- Absorptionsgrad: A = 35 %

Für die Modellgeometrie wird ein (FEM) mit Hexaederelementen erstellt, das eine aufgetragene Beschichtung auf einer 1 mm dicken Flachprobe repräsentiert (Abbildung 12-13). Die Abmessungen der Beschichtung betragen 30 mm x 9 mm x 1,4 mm.

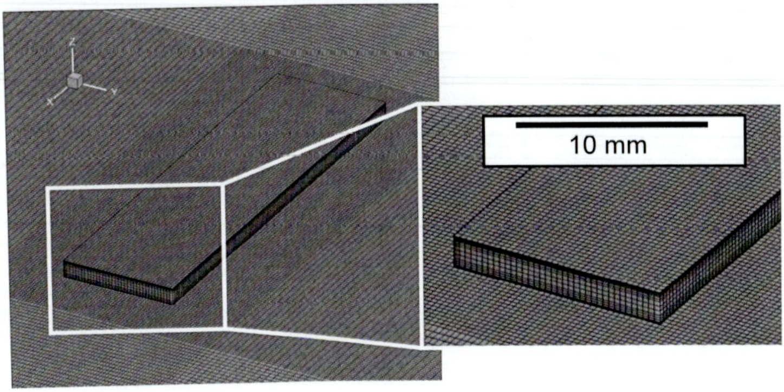

Abbildung 12-13: Netz-Modell (Mesh) der Modellgeometrie.

Die Skizze der Modellgeometrie (DED-LB/M-Beschichtung auf Flachprobe) ist in Abbildung 12-14 dargestellt.

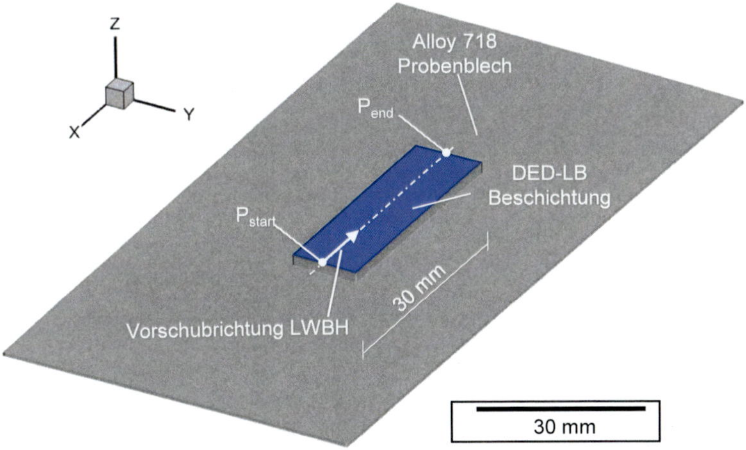

Abbildung 12-14: Skizze der Modellgeometrie, Beschichtung (blau) auf Flachprobe (grau).

Zu Beginn der Bearbeitung (P_{start}) fällt der Laserstrahl je zur Hälfte auf die Flachprobe und die Beschichtung (Abbildung 12-15, links). Erst im weiteren Verlauf trifft der Laserstrahl vollständig auf die Beschichtung.

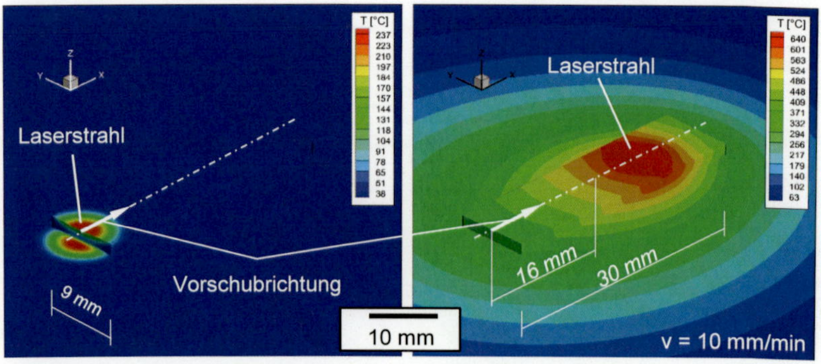

Abbildung 12-15: Momentaufnahmen der Temperaturverteilung in °C zu Beginn (links) und nach ca. 75 % der Strecke der Simulation (rechts) für v = 10 mm/min.

Der Verlauf der Laserleistung wird vom Startwert (P_L = 200 W) nach Erreichen der Regeltemperatur von 680 °C heruntergeregelt (Abbildung 12-16). Die Temperatur-Zeit-Verläufe werden für die Ober- und Unterseite der Beschichtung 16 mm entfernt von P_{start} (vgl. Abbildung 12-15) berechnet. Am Übergang des DED-LB/M-Auftrages zum Grundmaterial sinkt die Temperatur auf ca. 630°C, woraus sich eine Differenz von etwa 50 °C zur Oberseite ergibt.

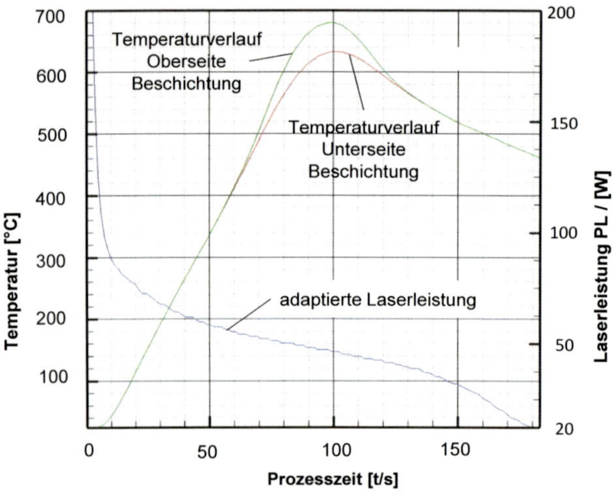

Abbildung 12-16: Temperatur-Zeit-Verlauf auf der Ober- (grün) und Unterseite (rot) der Beschichtung, adaptierte Laserleistung (blau), v = 10mm/min.

Um zu prüfen, inwieweit sich eine approximativ konstante Temperaturverteilung über die Höhe und Breite der Beschichtung erzielen lässt, werden weitere Simulationen mit geringeren Vorschubgeschwindigkeiten von 0,5 und 1 mm/min durchgeführt. In Abbildung 12-17 ist die Temperaturverteilung der Simulation mit einer Vorschubgeschwindigkeit von 1 mm/min im Vergleich zu 10 mm/min dargestellt.

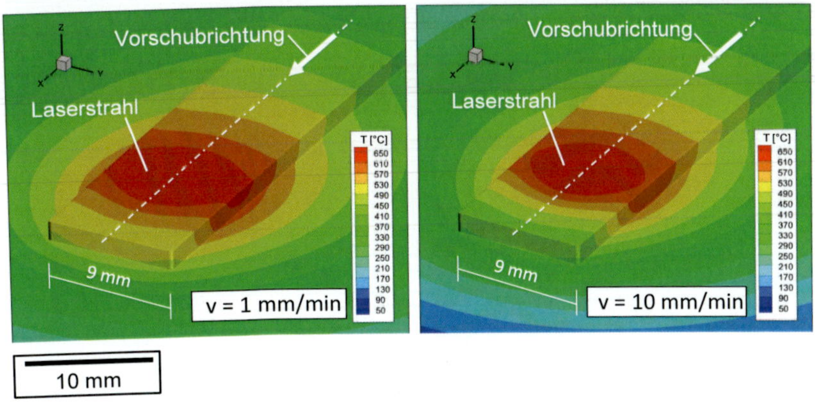

Abbildung 12-17: Momentaufnahmen der Temperaturverteilung für v = 1 mm/min im Vergleich zu v = 10 mm/min.

Die Temperatur-Zeit-Verläufe für eine Vorschubgeschwindigkeit von 1 mm/min sind in Abbildung 12-18 dokumentiert. Die homogenere Temperaturverteilung zeigt sich am reduzierten Temperaturunterschied zwischen Ober- und Unterseite der Beschichtung. Bei einer Vorschubgeschwindigkeit von 1 mm/min sinkt die Temperaturdifferenz auf 40 °C und nimmt damit 10 °C gegenüber einer Vorschubgeschwindigkeit von 10 mm/min ab. Die Simulationsrechnung bei weiter reduzierter Vorschubgeschwindigkeit von 0,5 mm/min (Abbildung 12-19) ergibt einen Temperaturunterschied über die Beschichtungsdicke von ca. 40 °C.

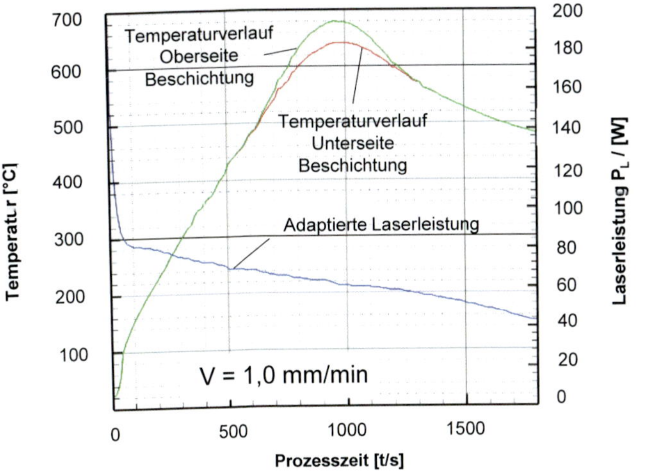

Abbildung 12-18: Temperatur-Zeit-Verlauf auf der Ober- (grün) und Unterseite (rot) der Beschichtung, adaptierte Laserleistung (blau), v = 1 mm/min.

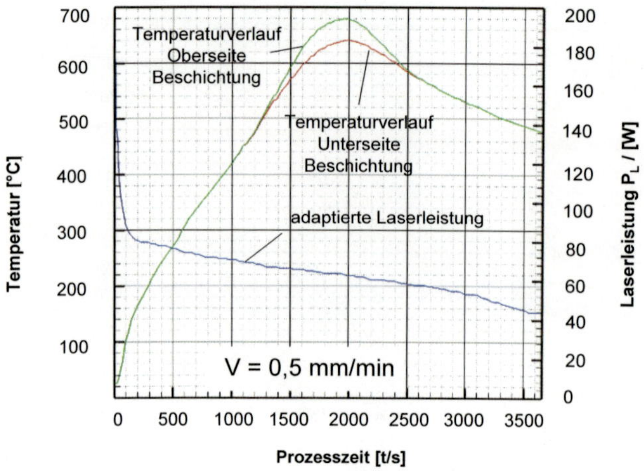

Abbildung 12-19: Temperatur-Zeit-Verlauf auf der Ober- (grün) und Unterseite (rot) der Beschichtung, adaptierte Laserleistung (blau), v = 0,5 mm/min.

Für die Vorschubgeschwindigkeiten von 0,5 und 1 mm/min ergibt sich allerdings durch die längeren Prozesszeiten ein Wärmestau an den Blechkanten, der auch die Temperatur-Zeit-Verläufe in der Beschichtung beeinflusst und bei der adaptierten Laserleistung zu einem flacheren Verlauf zum Prozessende führt. Durch einen flacheren Verlauf der adaptierten Laserleistung ergeben sich keine Vor- und Nachteile für den Prozess der lokalen LWBH.

Das Vorgehen für die Modellrechnung der Zugprobengeometrie ist [Pir12, Pir17] zu entnehmen. Dabei wird der Laserstahl entlang der Mittellinie auf der Zugprobe über eine Länge von 26 mm geführt (vgl. Abbildung 12-20, links).

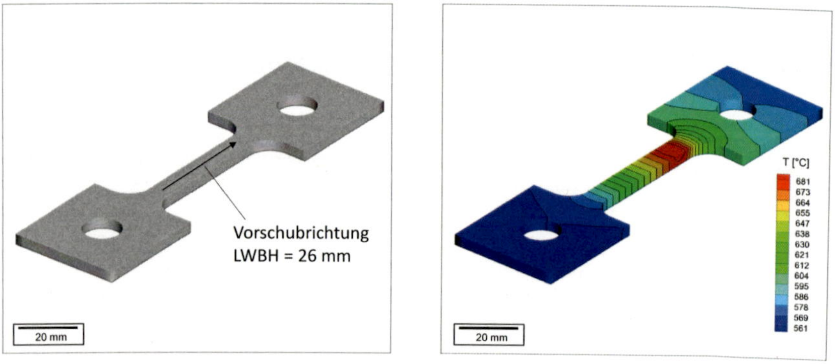

Abbildung 12-20: Zugprobengeometrie (links) und Momentaufnahme der Temperaturverteilung in °C zum Ende der Spur auf der Zugprobe (rechts), v = 0,5 mm/min, Startleistung = 100 W, A = 35%, mit Wärmeabfuhr über die Mantelfläche der Lochbohrung.

Die Laserleistung bei Simulationsstart beträgt 100 W. Berücksichtigt wird eine Wärmeableitung über die Mantelfläche der Lochbohrung, um die Einspannung der Probe bei der Simulation zu berücksichtigen. Dazu wird eine Temperatur von 25 °C an der Einspannung angenommen. Für eine Regeltemperatur von 680 °C ergibt sich eine adaptierte Laserleistung von ca. 60 W (vgl. Abbildung 12-21) für die LWBH der Zugproben. Die Temperaturdifferenz zwischen Vorder- und Rückseite der Zugprobe beträgt 40 °C.

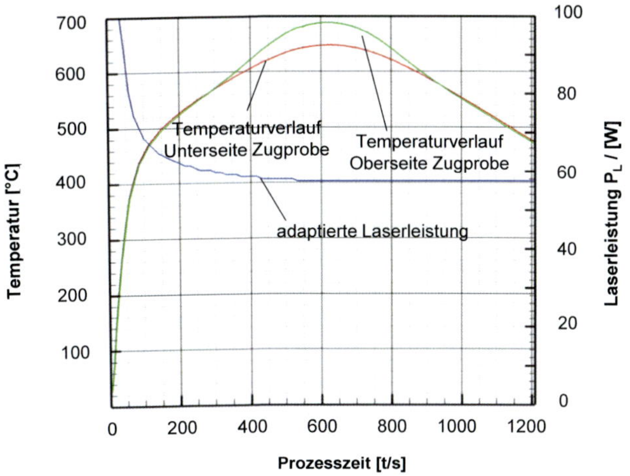

Abbildung 12-21: Temperatur-Zeit-Verlauf auf der Ober- (grün) und Unterseite (rot) der Beschichtung, adaptierte Laserleistung (blau), v = 0,5 mm/min, Startleistung = 100 W, A = 35 %, mit Wärmeabfuhr über die Mantelfläche der Lochbohrung.

12.14 Schematische Darstellungen der duktilen Rissbildung und Bruchentstehung

Abbildung 12-22 zeigt die Entstehung der typisch duktilen ‚Cup-and-Cone'-Bruchstruktur, die in den Proben, bestehend aus 100 % DED-LB/M-Material, die bei RT getestet werden, zu erkennen ist. Zunächst wird das Material eingeschnürt (a-b). Dann bilden sich Mikrorisse (a), die fortschreiten und zusammenlaufen (b), sodass das Material unter einem 45°-Winkel (maximale Schubspannung) zur Hauptnormalspannungsachse abschert (c). Das endgültige Scheren der Probe erzeugt eine becherartige Form auf einer Bruchfläche und eine Kegelform auf der angrenzenden Verbindungsbruchfläche, daher der Name ‚Cup-and-Cone'-Struktur (d).

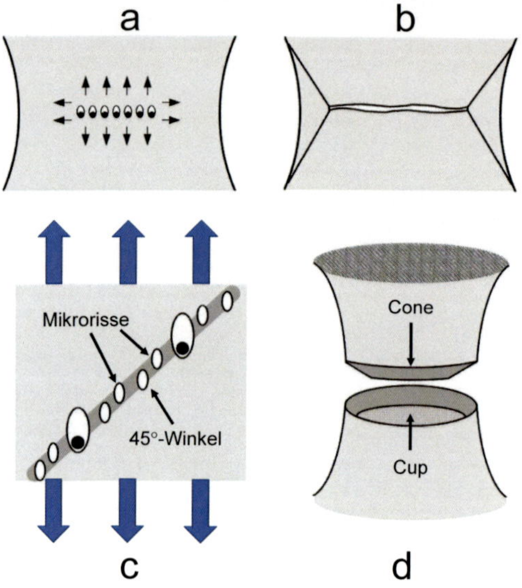

Abbildung 12-22: Schematische Darstellung der duktilen Rissbildung und Bruchentstehung, Abbildung nach [Che17].

In Abbildung 12-23 ist die Differenzierung zwischen Modus I (links), Modus II (Mitte), und Modus III (rechts) des duktilen Bruchs dargestellt. Bei Modus I des duktilen Bruchs tritt Versagen durch lokal auftretende, plastische Instabilitäten ohne Einschnürungen und durch die Entstehung von Scherbändern auf. Bei Modus II treten bereits Einschnürungen vor der plastischen Instabilität auf, sodass diese durch die gebildeten Mikrorisse und/oder -Hohlräume in der Einschnürungszone unterstützt wird. Modus III des duktilen Bruchs ist durch das Zusammenwachsen von Mikro-Poren oder -Rissen und sehr starke Einschnürungen gekennzeichnet.

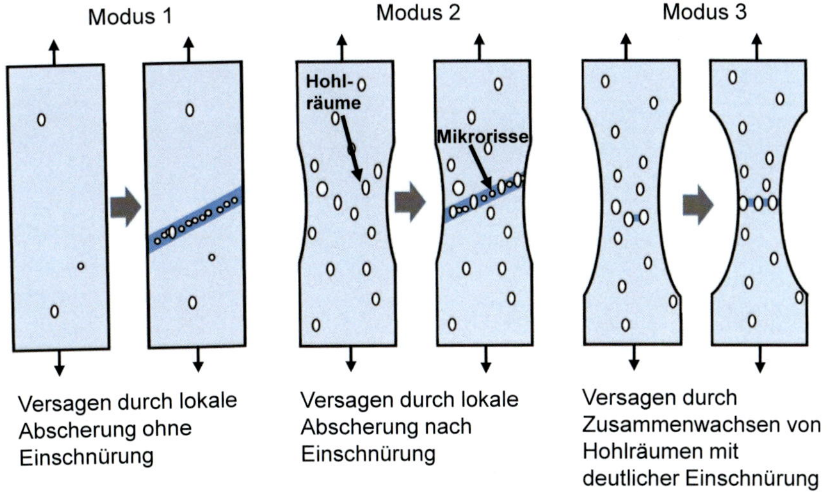

Abbildung 12-23: Schematische Darstellung der duktilen Rissbildung und Bruchentstehung; Abbildung nach [Luo18].

12.15 Auswertung Demonstration

In Abbildung 12-24 ist die EBSD-Analyse der obersten Schicht des DED-LB/M-gefertigten Materials Probe ‚RBSS-1 B‘ dargestellt.

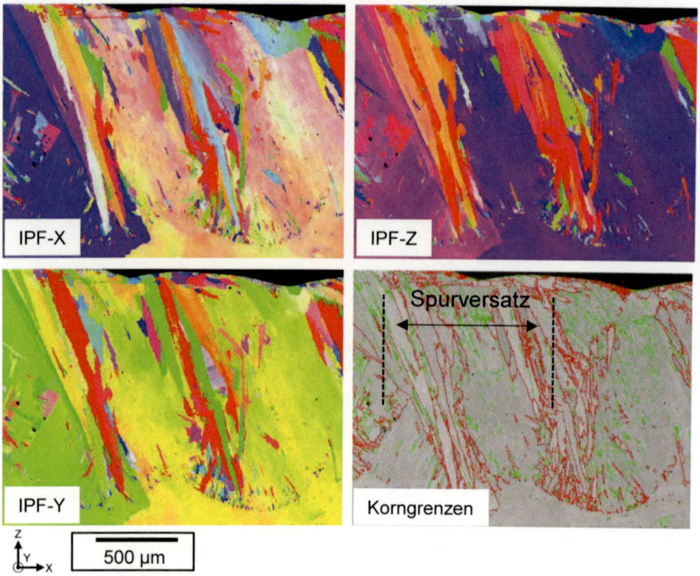

Abbildung 12-24: IPF-X-, -Y- und -Z-Orientierungskarten der Probe ‚RBSS-1 B‘; die Korngrenzen sind unterteilt in Großwinkelkorngrenzen (Rot > 15° Orientierungsdifferenz) und Kleinwinkelkorngrenzen (Grün = Orientierungsdifferenz 2–15°) dargestellt. Die EBSD-Schrittweite beträgt 2 µm.

Abbildung 12-24 und Abbildung 12-25 zeigen die Ausprägung einer Vorzugsorientierung (MUD = 23,86) der Körner innerhalb des DED-LB/M-Materials (~ zwei Schichten Materialauftrag) der Probe RBSS-1 B. Diese ist jedoch nicht entlang einer der Probenkoordinatensystem-Achsen (X, Y und Z) ausgerichtet. Die Vorzugsorientierung ist ~ 45° zu X, Y und Z verkippt. Die Orientierung der Körner in der Probe ‚RBSS-1 B‘ entspricht der bereits in Kapitel 6 (vgl. Probe W2) beobachteten Orientierung abweichend von der Aufbaurichtung.

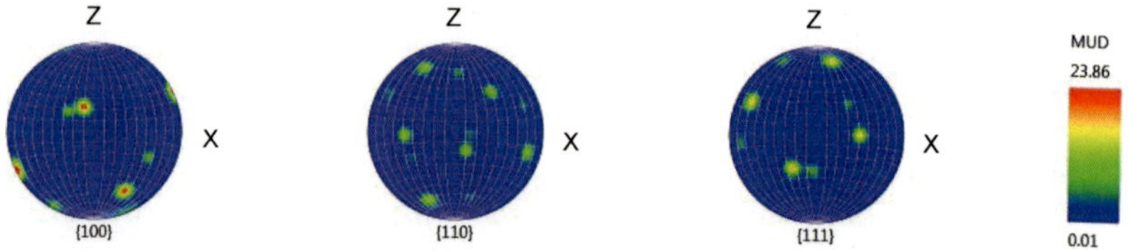

Abbildung 12-25: Orientierungs-Dichteverteilungen in Form von {100}-, {110}- und {111}-Polfiguren der Probe RBSS-1 B (Orientierung B).

Zusätzlich wird für die Probe RBSS-1 B ein EBSD-Mapping über den Randbereich der obersten Schicht des DED-LB/M-gefertigten Materials durchgeführt, da hier ein verstärkter Einfluss der LWBH vermutet wird. Abbildung 12-26 zeigt die Ergebnisse und in Abbildung 12-27 sind die Ergebnisse des parallel durchgeführten EDX-Mappings dargestellt.

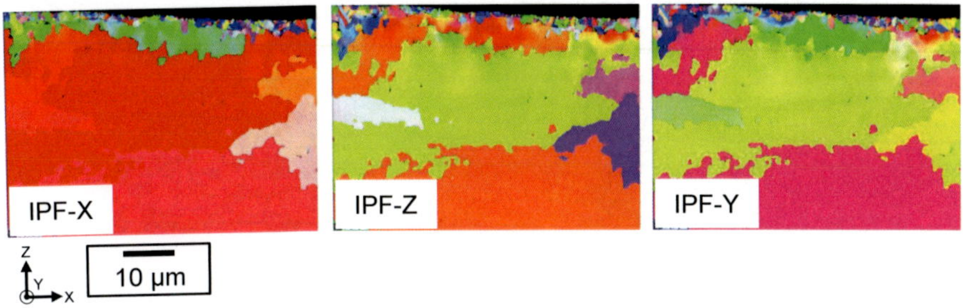

Abbildung 12-26: IPF-X-, -Y- und -Z-Orientierungskarten der Probe RBSS-1 B (LMD + LWBH) mit Blickrichtung in Laser-Scanrichtung. Die EBSD-Schrittweite der Karte beträgt 60,9 nm bei 5000-facher Vergrößerung.

Abbildung 12-26 zeigt einen Einfluss der erfolgten LWBH auf die oberste Schicht des Materials. Hier scheint, wie in Abbildung 7-41, aufgrund der erhöhten Versetzungsdichten sowie Kleinwinkelkorngrenzen und der Temperatur > 650°C durch die LWBH Rekristallisation stattgefunden zu haben. Die Körner sind in der obersten Schicht deutlich feiner als im Rest des Materials und äquiaxial. Die Korngröße beträgt wenige Mikrometer.

Abbildung 12-27 zeigt Nickel-, Eisen- und Chromanreicherung innerhalb der Dendritenarme (zu erkennen an der stärkeren und helleren Einfärbung dieser Bereiche in den Nickel-, Eisen- und Chromverteilungskarten) sowie erhöhte Niob-, Titan- und Molybdänkonzentrationen (Seigerung) in den interdendritischen Bereichen (erscheinen heller in den Niob-, Titan- und Molybdänverteilungsdarstellungen).

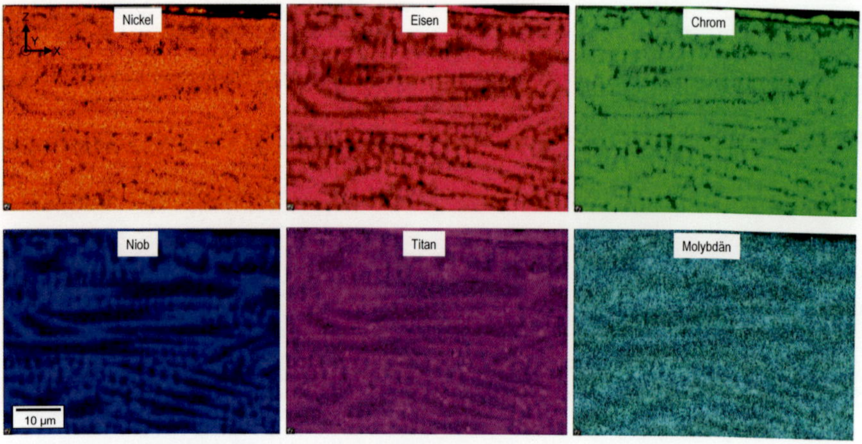

Abbildung 12-27: EDX-Mapping, Probe RBSS-1 B (DED-LB/M + LWBH).

Anhand der in Abbildung 12-27 dargestellten Elementverteilungskarten kann wiederum die bereits in Kapitel 7 beschriebene verstärkte Seigerung der Elemente Niob, Titan und Molybdän im interdendritischen Bereich im DED-LB/M-Material beobachtet werden.

In Abbildung 12-28 sind die EBSD-Ergebnisse für die Probe ‚RBSS-2 A' dargestellt. Die EBSD-Schrittweite der Messung beträgt 3 µm. Feine Kornstrukturen sind sowohl im Übergangsbereich vom gegossenen Grundmaterial zum DED-LB/M-Material (erste additiv aufgetragene Schicht) als auch innerhalb der obersten, additiv gefertigten Schicht zu erkennen. Das Kornwachstum ist epitaktisch mit einer länglichen Kornform. Die Zunahme der Kleinwinkelkorngrenzen (grün dargestellt) innerhalb des DED-LB/M-Materials ist in Abbildung 12-28 zu erkennen. Abbildung 12-29 zeigt eine im Vergleich zur Probe RBSS-1 B weniger stark ausgeprägte Textur (i.e. Vorzugsorientierung der Körner) mit einem Maximum des MUD von 13,9 in der Probe ‚RBSS-2 A'. In der Probe ‚RBSS-2 A' sind die Körner nicht bevorzugt entlang einer der Probenkoordinatensystem-Achsen (X, Y und Z) gewachsen, sondern eine Vorzugsorientierung der Körner (Längsachse) innerhalb des DED-LB/M-Materials liegt ~ 45° zur X- und Y-Achse verkippt. Die Orientierung der Körner in der Probe ‚RBSS-2 A' entspricht der bereits in Kapitel 6 beobachteten Orientierung abweichend von der Aufbaurichtung.

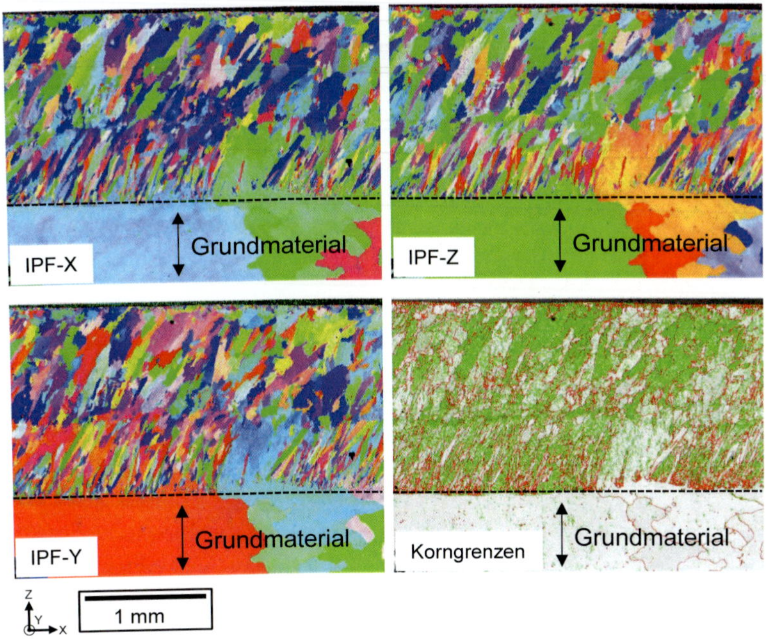

Abbildung 12-28: IPF-X-, -Y- und -Z-Orientierungskarten der Probe RBSS-2 A. Außerdem sind die Korngrenzen, unterteilt in Großwinkelkorngrenzen (Rot > 15° Orientierungsdifferenz) und Kleinwinkelkorngrenzen (Grün = Orientierungsdifferenz 2–15°) dargestellt.

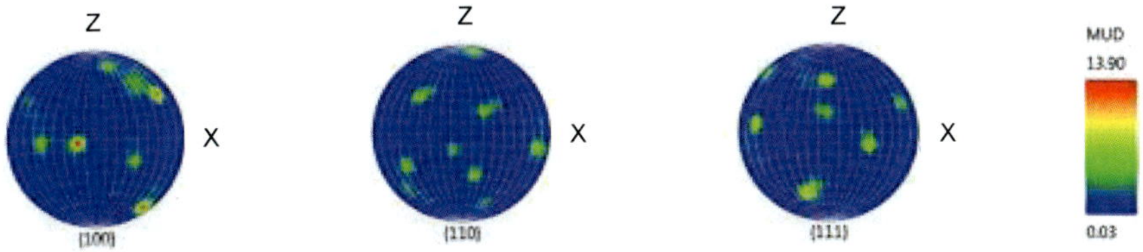

Abbildung 12-29: Orientierungsdichteverteilung in Form von {100}-, {110}- und {111}-Polfiguren für die Probe ‚RBSS-2 A'.

Innerhalb des DED-LB/M-Materials wird eine hochaufgelöste EBSD-Messung (i. e. Schrittweite von 48,1 nm) inklusive EDX-Mapping durchgeführt. Abbildung 12-30 zeigt Eisen-, Chrom- und Nickelanreicherung innerhalb der Dendritenarme, zu erkennen an den intensiveren Farben in diesen Bereichen, sowie erhöhte Niob-, Titan- und Molybdänkonzentrationen im interdendritischen Bereich (hier intensivere Farben in der Niob-, Titan- und Molybdänkonzentrationsdarstellung). Die bereits in Kapitel 7 beschriebene verstärkte Seigerung der Elemente Niob, Titan und Molybdän im interdendritischen Bereich des DED-LB/M-Materials kann auch bei der Probe ‚RBSS-2 A' beobachtet werden. Der dargestellte Bereich entspricht dem in Abbildung 12-31 umrandeten.

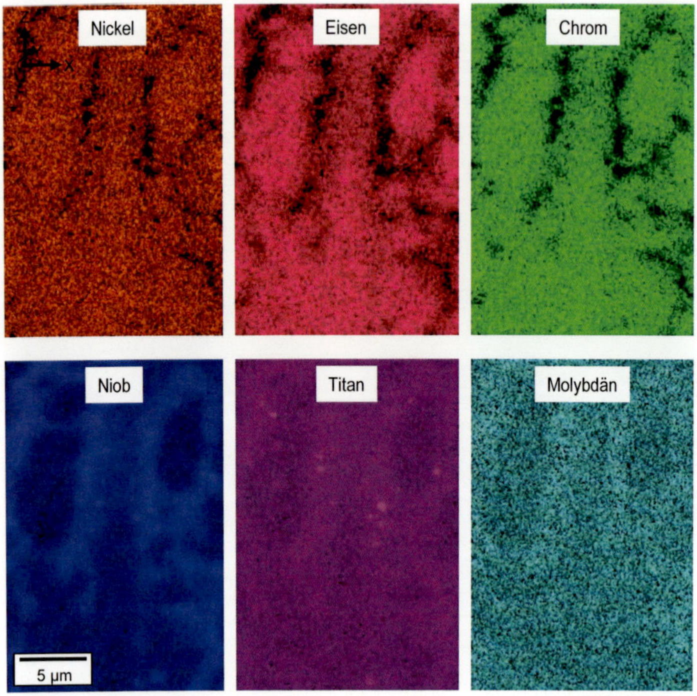

Abbildung 12-30: EDX-Mapping, Probe RBSS-2 A (DED-LB/M + LWBH) [Mül24].

Mittels EBSD (Abbildung 12-31) kann das Vorhandensein der Laves-Phase in Form einzelner Partikel einer Größe von weniger als 1–2 µm im interdendritischen Bereich bestätigt werden.

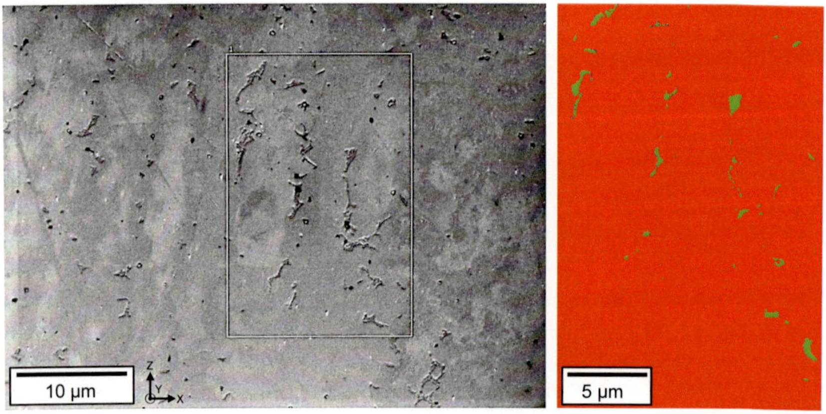

Abbildung 12-31: SE-Bild, aufgenommen bei 6350-facher Vergrößerung, mit ausgewähltem Bereich für die EBSD- (Schrittweite = 48,1 nm) und EDX-Analysen (links) sowie per EBSD

gemessener Laves-Phase (grün) im interdendritischen Bereich (rechts); die primäre **γ**-Phase ist hier in Rot dargestellt.

Eine hochaufgelöste REM-Aufnahmen innerhalb des DED-LB/M-Materials ist in Abbildung 12-32 dargestellt. Im dendritischen Bereich können Ausscheidungen (vermutlich γ' bzw. γ'') detektiert werden. Ebenfalls können vermutlich Poren (schwarz) detektiert werden.

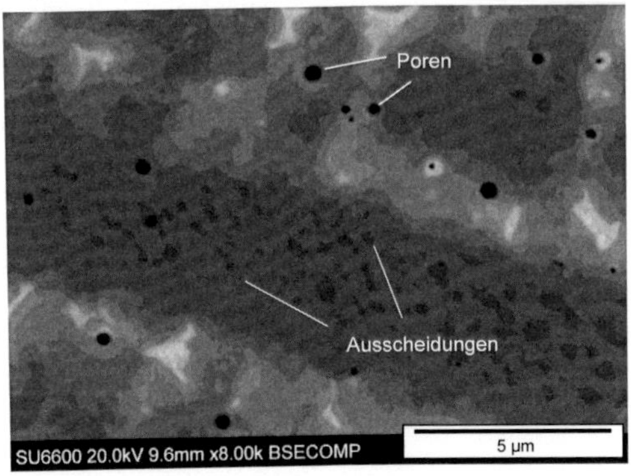

Abbildung 12-32: REM-Aufnahme 1 eines dendritischen Bereichs mit vermutlich γ'- bzw. γ''-Ausscheidungen (dunkel) im BSE-Kontrastbild.

Tabelle 25 zeigt eine Zusammenfassung der Ergebnisse der durchgeführten Härtemessungen, unterteilt nach Grundmaterial und DED-LB/M-Material. Hierbei werden der Mittelwert der Vickers-Härte, die Standardabweichung und die Anzahl der Härteeindrücke angegeben.

Tabelle 25: Zusammenfassung der Mikro-Indentationsergebnisse zur Härteprüfung von RBSS-1A und RBSS-2 B, jeweils Mittelwerte aus Messungen innerhalb des Grundmaterials und DED-LB/M-Materials.

Proben Kennzeichnung	Mittelwert Vickers-Härte Grundmaterial +/- Standardabweichung [HV] (Anzahl Härteeindrücke)	Mittelwert Vickers-Härte DED-LB/M +/- Standardabweichung [HV] (Anzahl Härteeindrücke)
RBSS 1	400,9 +/- 53,4 (86)	370,1 +/- 27,2 (101)
RBSS 2	396.8 +/- 30,0 (90)	399,7 +/- 15,5 (119)

In Abbildung 12-33 ist einen Härteabfall innerhalb der letzten ~ 300–400 µm des Grundmaterials zu beobachten. Dies entspricht auch etwa der Stärke der WEZ, wie sie bereits in den Vorversuchsanalysen beobachtet wird.

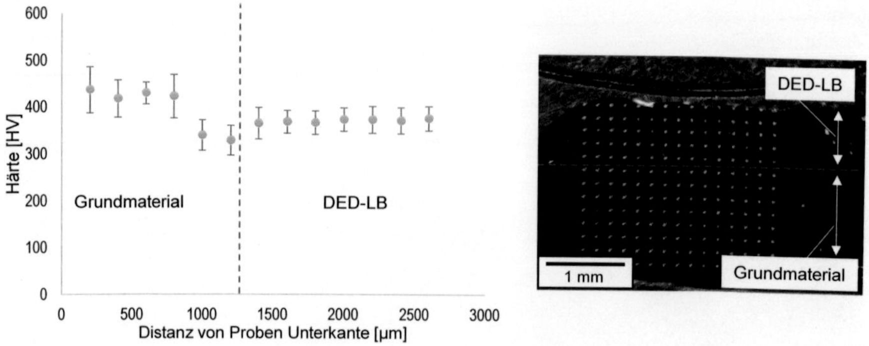

Abbildung 12-33: Härteverlauf über die Höhe der Probe RBSS-1 B.

In Abbildung 12-34 ist ein Härteabfall innerhalb der letzten ~ 200 µm des Grundmaterials zu beobachten. Dies entspricht auch etwa der Stärke der WEZ, wie sie bereits in Kapitel 6 beobachtet wird.

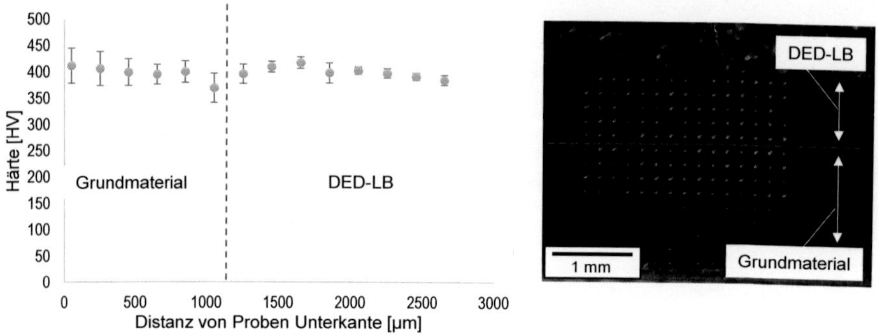

Abbildung 12-34: Härteverlauf über die Höhe der Probe RBSS-2 A [Mül24].

Analog dem in Kapitel 4.4.4 beschriebenen Vorgehen wird die Probe APT3 aus RBSS-1 B für die Untersuchung mittels APT entnommen und analysiert. Die APT-Rekonstruktion (APT3) ist in Abbildung 12-35 dargestellt. Es wird beobachtet, dass γ'-Ausscheidungen mit γ''-Partikeln gemeinsame Ausscheidungen bilden. Ebenfalls können komplexe Partikel mit einer Stapelsequenz von γ''/ γ'/γ'' identifiziert werden (rot umrandet). Solche Stapelsequenzen werden bereits bei Alloy 718 nach konventioneller Verarbeitung beobachtet [Det18, Dre18].

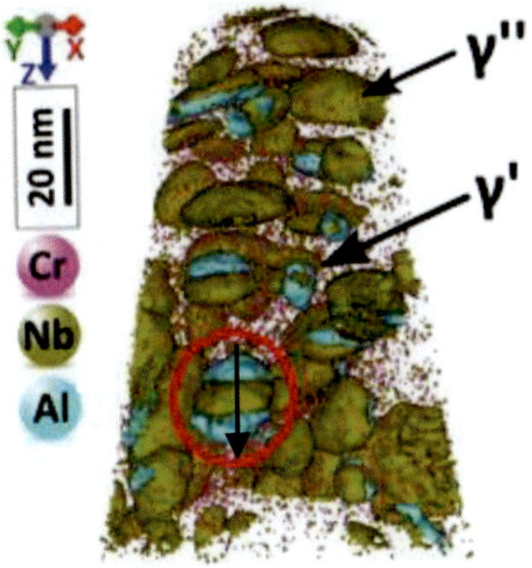

Abbildung 12-35: APT-Rekonstruktion APT3 aus Probe ‚RBSS-1 B', die γ'- und γ''-Ausscheidungen innerhalb einer γ-Matrix zeigt vgl. [Mül24].

Die Bildung der γ'-Ausscheidungen und die verschiedenen Stapelsequenzen können möglicherweise mit der beobachteten Mikrosegregation korrelieren. Die Untersuchungen von Theska et al. [The18] zeigen, dass eine direkte Alterung zu Stapelsequenzen zwischen γ'- und γ'' Ausscheidungen führt und die Festigkeit von Alloy 718 erhöht. Basierend auf den erreichten Härte- und Festigkeitssteigerungen durch die LWBH kann gefolgert werden, dass eine damit einhergehende Steigerung der Festigkeit des im Rahmen der Demonstration funktionalisierten DED-LB/M-Materials stattgefunden hat. Diese Folgerung wird durch den Vergleich der APT-Ergebnisse der Verfahrensentwicklung und der APT-Ergebnisse aus der Demonstration gestützt. Es ist davon auszugehen, dass durch eine ff. Optimierung der LWBH die mechanischen Eigenschaften weiter verbessert werden.

FSC
www.fsc.org
MIX
Papier | Fördert gute Waldnutzung
FSC® C083411

Kolibri 360 GmbH
Ferdinand-Jühlke-Straße 7
99095 Erfurt, Deutschland
produktsicherheit@kolibri360.de